数学方法论视角下
大学数学课程的创新教学探索

刘 莹 著

U0323393

吉林大学 出版社

图书在版编目(CIP)数据

数学方法论视角下大学数学课程的创新教学探索 /
刘莹著.—长春 ： 吉林大学出版社， 2018.12
ISBN 978-7-5692-4053-5

Ⅰ．①数… Ⅱ．①刘… Ⅲ．①高等数学－教学研究－
高等学校 Ⅳ．① O13-42

中国版本图书馆 CIP 数据核字 (2019) 第 008616 号

书　　名：**数学方法论视角下大学数学课程的创新教学探索**
SHUXUE FANGFALUN SHIJIAO XIA DAXUE SHUXUE KECHENG DE
CHUANGXIN JIAOXUE TANSUO

作　　者：刘 莹 著
策划编辑：邵宇彤
责任编辑：张文涛
责任校对：郭一鹤
装帧设计：优盛文化
出版发行：吉林大学出版社
社　　址：长春市人民大街 4059 号
邮政编码：130021
发行电话：0431-89580028/29/21
网　　址：http://www.jlup.com.cn
电子邮箱：jdcbs@jlu.edu.cn
印　　刷：三河市华晨印务有限公司
开　　本：170mm×240mm　　1/16
印　　张：14
字　　数：250 千字
版　　次：2019 年 3 月第 1 版
印　　次：2019 年 3 月第 1 次
书　　号：ISBN 978-7-5692-4053-5
定　　价：49.00 元

前　言

数学科学的工具性特征非常鲜明，是解决诸多问题不可或缺的工具。假如要将数学和其他类型的科学进行对比，数学科学还有一个特殊性，就是抽象特征非常鲜明。想要更好地对数学科学进行发展完善，将其应用于更多的领域，或是将数学科学教授给广大学生，都需要把握数学科学的诸多法则，如发展规律、探究方法等。我国著名数学家，同时也是数学方法论的倡导者和带头人徐利治注重加大对数学方法论的分析，同时也着力于研究数学思想，并给出了它们的定义。数学方法论是研究以及探讨诸多数学法则的学问，这些法则涵盖数学思想方法、数学发明创新等诸多内容。数学思想体现出的是对数学本质的认知，与此同时，还是站在理性角度上归纳数学规律所获得的成果。

数学思想方法可谓是数学科学的精髓和精华，贯穿于知识产生、发展与运用的全过程，不单属于对数学理论本质的认知，也是在引导学生学习数学时培育学生数学认知能力和促使学生构建知识结构体系的桥梁。通过对数学思想方法进行恰当的利用，能够让学生在分析与解决问题方面收获更多的能力与智慧，彰显数学科学的特征，推动学生数学核心素养的建立。同时，在深化教育改革、全面推进素质教育的过程中，加强大学生创新能力的培养，并积极探索创新教学的途径和方法，具有重大的现实意义。

本书从数学方法论的基本理论出发，分析了数学方法论与数学教学之间的关系，阐述了数学方法论在大学数学教育中的应用，并在此基础上提出了数学方法论视角下大学数学课程的创新教学策略，从三个方面分析了大学数学教学的创新：教学活动创新，包括数学建模竞赛教学；教学模式创新，包括虚拟创新教学和翻转课堂教学；教学方法创新，包括案例教学和实践教学，以期能够为大学数学课程的创新教学提供一些参考借鉴。在本书的编写过程中，参考借鉴了一些学者的研究成果，在此对这些学者表示衷心的感谢。另外，由于时间及编者水平所限，本书难免存在疏漏与不妥之处，真诚地欢迎各位读者对本书提出宝贵的意见和建议。

目录

第一章 数学方法论概述

第一节 数学方法论的内涵界定

现如今我们正处在一个社会大变革的时代，该时代的突出特征是工业时代向信息化时代转变，也因此引起了世界范围内的新技术革命。伴随现代科技的迅猛进步，方法论如雨后春笋般快速发展起来，得到了人们的普遍重视，与此同时，也逐步成为新兴学科。在方法论视域当中，数学方法占据重要地位，也是方法论研究领域中一门独立学科，无论是在数学教学，还是在数学研究领域都有着至关重要的作用。

一、方法论

所谓方法，是人在解决问题过程当中，选用的手段、路径、方式方法等。科学方法则将范围锁定在了科学研究领域，是这一领域运用的一般方法的总称。方法论是人认识与改造世界根本的科学，是人总结科学发明或发现的一般方法的理论。不管是哪一门科学，都会有各自测定研究的方法，但是在个别当中涵盖着一般，很多具体方法当中蕴含着大量一般方法，同时还涵盖思想方法的一般准则。站在一般方法角度探索问题的学问就是方法论，所以方法论是有关的一般方法的理论。

世界观决定方法论，所以世界观不同，那么方法论也会有相应的差异。站在马克思主义哲学角度进行分析，方法存在的重要意义是引领思维朝着正确路径认识客观世界。所以说，只有能够彰显事物客观发展规律的方法才能够算作科学方法。在科学进步的整个历程当中，在辩证唯物主义认识理论的指引之下，人们开始总结获取一般规律的研究方法，也就是我们所说的科学方法论。

科学方法论包括以下几个层次：

第一层次是各个科学当中的具体研究方法，可以将其纳入到相关科学研究对象当中。比如，物理学当中的光谱分析法、数学当中的同一法等。

第二层次是很多学科都能够普遍适用的方法，并非为某一学科所特有，而是多学科提炼总结而来，带有一般性和普遍性的方法，如抽象法、观察法等。

第三层次是适用于所有自然和社会科学研究的方法，也就是我们普遍认知和涉及的辩证唯物方法，比如调查法、矛盾分析法等。

二、数学方法与教学思想

（一）数学方法

数学方法是指在提出与解决问题的过程当中运用的诸多手段与路径的总称。它是处理、探索、解决问题的工具，特点是比较具体、简单。数学方法在数学解题当中有着十分广泛与普遍的应用，能够用于解决实际生活当中的数学问题，为学生提供学习工具。

数学方法多种多样，下面将对应用广泛且具有较大影响力的方法进行简要说明。第一，概括与抽象。纵观整个数学领域，其中的定理、概念等内容都带有明显的抽象性和概括性特征，大量问题都能够利用抽象和概括的数学方法转化成为数学模型并进行模型解答，从而有效突破实际问题。第二，归类和对比。把多元化的数学内容归类，对其中的某些部分进行对比，在数学学习当中占据重要地位。第三，分析和综合。不管是解答怎样的数学问题，事实上均要经历分析和综合的解题过程，只是很多时候分析综合过程非常短暂，人们常常会忽视这一环节，甚至认为综合性的问题解答才是分析综合的结果。第四，辩证方法。比方说一般与特殊、曲与直、数与形、正与反等均可以纳入辩证方法的范畴。第五，变换方法。所谓变换方法，指的是利用转换策略化复杂问题为简单问题，将难度较大的问题转变成为容易解决的问题，从而提高解题效率与质量。第六，逻辑演绎法。数学语言具有极强的逻辑性，这是数学学科的明显特色，也是数学富有魅力的原因。除此以外，数学方法还包括实验、合情推理、逆向思维等容易被忽略的方法。

按影响的程度分，数学方法可分成三个层次。第一，基本和重大的数学方法，这是一些哲学范畴的数学侧面，如模型化方法、概率统计方法等。第二，与一般科学相应的数学方法，如联想类比、归纳演绎等。第三，数学中特有的方法，如公理化、关系映射反演、数形转换等。按作用的范围分，数学方法可分为：第一，一般逻辑方法，比如说类比、联想、归纳等方法，并非只是在数学领域适用，在很多其他学科当中也有着极大的应用价值；第二，全局性数学方法，比如说极限法、数学模型法等，这类方法作用广，甚至会直接影响数学分支学科或其他学科的研究方向；第三，技巧性数学方法，比如换元法、配方法等极具技巧性的方法，能够提高数学解题的灵便性。另外，在对数学方法进行类型划分时，还可根据运用功能的差异化分成数学发现、计算和证明方法。

（二）数学思想

数学思想的含义是现实世界空间形式与数量关系在意识当中进行反映，在经历思维活动之后形成的结果。站在这一角度上看，数学思想是认知数学事实，并对理论进行高度概括之后形成的本质认识。在数学解题中，数学思想是基本观点，还是从本质上对数学内容的概括。论及数学思想与方法之间的关系，数学思想来自于数学方法，是从中通过提炼获取的，突破难度较大，数学题要应用到的策略，能够为解题提供导向，指引解题思路。数学思想最为明显的特征就是抽象，是高层次的思想。在数学思想和方法的认知方面，布鲁纳提出只有对二者进行全面把握，才可以降低数学知识记忆与理解的难度，只有真正领会二者，才能够实现数学迁移。

徐利治在对数学认识方面表达了自己的观点，他认为数学有两种品格，分别是工具和文化品格。数学的文化品格、文化理念与文化素质原则的深远作用和突出价值是：从数学当中得到的这些文化品格会始终在他们的思维以及生存方法方面潜在性地起着根本性作用，并且受用一生。换句话说，数学方法和思想对于人的一生来说有着极大的影响力，二者虽来自于数学学科，但在解决实际问题方面却是普遍性和适用性极强的思想方法，可以在除了数学以外的领域应用。假如要论及数学思想方法和知识之间的差别，数学知识的有效性不能长时间持续，但思想方法却可以长久，并让人一生受益。在推进数学教育的进程中，要保障以上目标实现，单一关注教学当中知识的学习是远远达不到要求的，还必须加强数学思想方法的学习，使学生能够自觉挖掘数学知识隐含的思想方法内容，深入剖析内在精神，才能够真正窥得数学的魅力，受到数学文化熏陶，拥有完善的数学思维。

美国曾经对数学思想方法的使用情况进行统计研究，获得的一个重要结论是：基本数学思想与方法在实际当中的应用频率是最高的，也因而是最不容易被人忘记的，也正因为不易忘记，因而更加反复持久性地进行运用。早在古代就有人提出了关于思想方法重要性的论述，认为授人以鱼，不如授人以渔。日本的米山国藏也曾经这样感慨：我从事数学教育多年，发现很多学生在初高中阶段获得的数学知识，在毕业之后因为没有应用的机会或需要而逐步遗忘，一般情况下，在离校一两年的时间之后就忘记。但是不管这些毕业生在之后从事的是哪些工作，在他们头脑当中留下深刻印象的是数学思想方法，因为这些方法是他们始终应用，并且让他们一生获益的内容。通过这样的研究与分析，米山国藏认为数学思想方法要排在第一位，而数学知识只能够位于第二。在解决数学问题时，数学思想方法是最为根本的策略以及指引，更是数学学科的灵魂。所以，在数学教育实践当中指导学生学习与把握以知识为载体的思想方法是关键，只有这样才能够锻炼学生的思维能力，深化学生对数学作用的认识，培育学生完善的数学观，进而为学生发展以及应用数学奠定坚实基础。

数学思想在数学方法论体系当中占据重要地位，更是其中不可或缺的一个概念，所以我们对数学思想内涵和外延进行分析是十分必要的。就数学思想的内涵而言，数学思想是人们在研究数学科学之后获得的本质和规律的理性认识结果。这一认识主体是整个人类历史长河当中处于不同时间段的数学家，认识客体则涵盖数学科学的研究路径与方法特征、对象及其特征、内部成果或结论间的关联关系等。站在这一角度上看，数学思想是历代数学家在这一领域丰硕研究成果的总和，涵盖和渗透在数学材料当中，其内容更是尤为丰富。

一般而言，数学思想包括的内容十分丰富，有模型、极限、统计、函数、方程等思想。这些均是在数学实践活动当中获取经验并进行经验凝练得到的认识成果。因为是认识，那么就会存在诸多差异化见解与观点，事实上也如此。比方说，一部分人觉得在创编数学教材的过程中能够把集合思想当作主线来完成整部教材的编写任务；有一部分人觉得将数学函数思想贯穿在整个内容当中是提升教学质量的关键方法；还有一部分人觉得在处理数学内容时，最好是利用教学结构思想。虽然他们提出的观点各不相同，但只要是做到了对数学材料的高度概括归纳与研究，并以此为根基对数学思想进行论述，最终获取的结论是能够并行不悖的。

就数学思想外延而言，假如站在量的角度进行分析的话，可以划分成宏观、中观与微观。宏观领域包括数学本质与特征、数学起源、数学文化地位、数学方法论价值等。中观领域包括数学内部各部分分流原因与结果、分支发展进程中获得的内容上的对立统一关系等。微观领域包括各分支与体系结构当中特定内容与方法认识。假如站在政治的角度进行分析的话，可以将其划分成表层与深层认识、片面与完全认识、局部与全面认识、静态与动态认识、唯心与唯物认识、孤立与整体认识、谬误与正确认识等。

（三）数学思想与数学方法

数学思想和方法存在着密不可分的关联，思想能够为方法提供指导，而方法则可以直接展现思想。从本质上看，数学思想与方法是相同的，它们的不同之处只是在看待问题角度上体现。针对同样的一个数学成就，假如用其解决其他问题，那么就可以称其为方法；而在评估数学成就在数学体系当中的价值意义时，就可以将其称作思想。当把侧重点放在指导思想与解决策略时，可以将其称作数学思想，但是把侧重点放在操作上的话，那么就应该将其称作数学方法。在很多情形之下，数学思想与方法的区分是非常难的，所以人们常常不对其进行区分就得到了一个统称，那就是数学思想方法。

数学思想蕴含在方法当中，更是其灵魂，数学方法则是思想的重要载体，所以二者的关系是非常密切的。二者的关系可以用互为表里来概括，而二者都把知识当作有效载体，在此基础之上，反作用于知识和能力的提升。比方说，数学思想方法当中有一种化归思想，在思考时需要将要解决的数学问题转化成为已知或可以轻松解决的问题。

数学方法的层次性特征十分突出。数学是从低级到高级、从客观现实到抽象而逐步形成和发展起来的学科。数学知识的层次性强，同时数学知识承载着数学方法，所以数学方法也就带有了明显的层次性特征。

人们对数学思想方法展开研究是在20世纪40年代，一直到了80年代，徐利治在高校数学系开设了数学方法论课程，并著述了《数学方法论选讲》。从这之后，关于数学思想方法的研究开始不断向深层次扩展。钱佩玲在数学思想方法的研究和认识方面提出了自己的观点：数学思想方法，把内容当作重要载体，将知识作为基础，但同时又高于知识，可以被称作隐性知识；数学思想方法是解决数学问题的根本策略与指导思想；数学思想方法具有高度指导性以及普遍适用性特征。加强对数学思想方法的分析以及研究工作，不断拓展研究深度，有助于完善数学学科研究，另外，还能够增强人们对数学内涵与价值的认知，提升人们的数学素养。数学思想方法这个词语真正在数学学科与教育领域进行应用是在20世纪90年代，伴随着时间的推移，其使用频率也在逐步升高，甚至已经扩展到了除数学以外的其他学科。数学课程标准当中也明确把数学思想方法贯穿全过程，除了将其当作数学教育目标之外，还要求将其当作学生学习数学的重要目标，使学生可以将其应用到解决实际问题当中，实现学以致用。

数学是思维艺术。在数学思维活动当中，需要运用到多种方法分析与解决问题，所以数学思维的发展中包含的方法论因素是十分明显的。另外，在数学思维发展进程当中，方法论因素也是存在的，也就是说会利用一定方法促进人数学思维品质的完善以及思维结构的优化。在数学教学当中，必须坚持的根本原则是数学和发展相整合。在数学教学实践当中需要将学生心理发展水平作为重要根基，另外教学当中还需关注学生个性化发展，不仅要丰富学生的知识技能，还需推动学生个体发展，让学生学会数学的思维。徐利治曾给出过清晰的表述：数学思维具备二重性，其中一类是抽象思维，另外是形象思维。而形象思维的表现形式是实验、类比、观察等。数学和发展相整合的教育原则，给数学教学提出了要求，那就是将教学当作数学活动的教学。要让学生成为认识主体，并为学生展现符合他们能力层次的问题，而二者是一个完整教学活动不可或缺的条件，教师承担的责任就是将二者联系起来。之所以强调要将数学教学当作数学活动教学，最主要的目的是让学生可以拓展思维，加强对数学思想方法的认知，进而打造开放性的教育模式。数学思想方法是对知识进行抽象概括获得的，是对数学规律理性的认知，在学习以及教学当中，希望能起到学会数学思维的作用，进一步上升到培养与提高数学素质与人文素质的高度，从而提高学生的数学综合素质。我们将从以下几个方面着手对其价值展开分析。

第一，数学思想方法离不开抽象思维。数学科学的本质属性就是抽象，而且这样的抽象程度很高，远远超过其他科学。数学思想方法对象是抽象了的思维创造物。数学家在研究抽象事物的过程中，会逐步总结出数学内部结构间的规律和不同结构之间的规律。把研究归纳获得的硕果进行特定领域的运用，特别是用在实际问题解决当中，可以获得满意效果，主要由于数学思想方法体现的是现实事物的规律，必然能够解决实际相符问题，且可以算作抓住了问题的核心。通过对数学思想方法进行合理利用，构建数学模型，就必须要有抽象思维作为支持，以便运用数学语言和符号将问题进行直观表述。但有了抽象而来的数学模型之后，以此为根基开展推导演算，进而可以对问题进行有效判断，这也是抽象思维的巨大力量。

第二，数学思想方法是数学思维的基本方法。所谓数学思维，指将数学问题作为承载物，利用发现与解决问题的方法达到把握事物空间形式与数量关系本质的思维过程。数学思想方法对思维有决定性作用，同时也为思维进步提供强有力的动力以及合理化的路径。之所以重视发展数学思维，想要达到的效果就是要在突破实际问题方面拥有巨大的能量。数学思维过程是持续不断地提出一个疑问，然后将其解决，之后又提出新问题，又再一次解决的一个循环往复过程，因为这个过程归根结底是数学思想方法的应用过程，于是我们给出了归纳，称数学思维过程是运用数学思想方法，不断提出和解决问题的过程。通过这个结论的得出，我们发现数学思想与思维间的关系非常密切。

第三，数学思想方法是一种重要的具有辩证性的工具以及不可或缺的表现形式。在数学当中，矛盾确实存在，可以说无处不在，与此同时，还有很多对立面转化的情况。假如所有科学当中都含有辩证思想，我们看到数学科学的辩证性表现非常特殊，是用数学语言，特别是数学符号和公式完成对立面转化的一种直观表达。比方说，我们在数学中常常接触的特殊与一般、数与形、整体与局部、一维与多维等辩证性的关联。为了更好地利用数学思想方法这一不可多得的辅助工具，单纯获取大量数学知识是远远不能满足要求的，还要对诸多数学概念、运算、数学分支等进行有效的挖掘，利用它们之中存在着的转化关系，以便更好地挖掘数学思想方法当中辩证思维力量。我们之所以重视数学思想方法，并将其作为强而有力的辅助工具，不仅在于计算方法、推理论证当中的应用价值，还在于数学思想方法创造出了多元化的数学转化关系。

假如对数学思想方法进行归类的话，通常可以将其划分成三类。第一类是思想观点类，如转化、极限、结构等思想。第二类是思想方法类，如数学中常用的分析综合、抽象概括、类比、联想等。第三类属于技能技巧类，如函数和方程思想、数形结合思想等。如果将方法进行细化分析，还涉及换元法、待定系数法、反证法、坐标法等。

数学思想方法体系当中，占据核心地位的是转化思想。可以说数学当中涉及的所有问题的解决，从本质上是转化，就是将未知转化成已知、将困难转化成容易、将数转化成形、将生活问题转化成数学问题等。所以，我们可以得到的结论众多的数学思想方法是从转化思想当中发展而来的。站在哲学层面上进行分析，事物间存在着互相关联与转化的关系。

数学思想方法能够直接体现出数学本质，下面就其特征进行如下说明。

第一，抽象性特征。想要在纯粹的条件之下探究形式与关系，就必须让它们脱离自身内容，也就是把内容抛到一边，在这样的情况之下，我们就获得了没有长宽高之分的点，没有宽厚度的线条。数学中的点、线等事实上已然成了思想事物。数学利用特定的抽象数学符号与数学语言进行关系形式的表达，在数学推理环节，从条件一直到结论，各个步骤都利用符号表示，最终获取的结论仍然是用数学公式呈现出来。数学思想方法是在诸多数学对象与内容当中抽象提炼而来，毋庸置疑，带有鲜明的抽象性特征。

第二，指导性特征。当我们在解决各种各样的数学难题之时，总在不断地探寻一定的思想方法，渴望获取解决问题的突破口。例如，面对实际应用类的数学问题，我们可以先想方设法将这个问题转化成数学模型，借助数学方法获得数学形式解答之后再回归现实，就演变成了解决应用类数学问题的模型方法。数学思想方法的指导性价值是非常突出的，可以让我们在研究数学科学时，有更加深刻的思维，能够让我们认识到知识之间的统一关联，引导我们在数学问题研究和解答当中达成目标。

第三，应用广泛性特征。这个特点众所周知而且毋庸置疑，事实上，我们在学习生活当中在不断地进行验证和应用。数学思想方法是数学本质的理性认识，数学科学是对自然科学与社会科学的抽象概括，站在哲学统领的高度，不仅能够在多元化的自然学科当中广泛应用，还能够在社会科学领域大范围推广；不仅能够在工程技术、农业等领域应用，还能够在经济与社会的各个场合进行利用。特别是现如今具备极大影响力的信息技术当中，就广泛应用于数学思想方法。

数学思想方法是数学科学之魂，是数学学习的基本措施，还是学习目的以及重要手段。所以，要求学生把握和应用好数学思想方法成为数学学习当中的核心目标与根本任务。与此同时，在数学学习实践当中认识数学知识、思想方法，领略其应用价值，体会数学之美，进而将数学应用于诸多领域，推动数学学科的发展。

三、数学方法论

数学方法论是一门综合型的学科，研究的内容也十分广泛，主要有数学规律、思想、原则、方法、法则等。所以，我们可以将数学方法论归入科学方法论的体系，称其为科学方法论在数学领域的直观表现。在理解数学方法论时，可以从两个方面着手，分别是宏观与微观。宏观数学方法论就是将数学科学放置在科学，甚至是客观世界当中对其进行认识和研究，更加注重的是数学外部规律分析。微观数学方法论是从数学内在关系当中探讨其中的一般研究方法。针对这样的情况，有部分学者觉得宏观数学方法论应该涵盖数学的思想史、科学哲学观、文化论、数学家等方面的研究内容；微观数学方法论应涵盖直觉与非直觉主义方法论、推理方法、数学美学、一般解题法等具体的细化方面。

显而易见，要想真正把握住数学本质，掌握其内在规律，获得综合性的认知，就必须实现微观与宏观的整合。所以，站在这一角度上看，本书探讨的虽涉及宏观数学方法论，但是其目的是适应数学教学的迫切需要，因而本书把侧重点放在研究微观层面的一般数学思想与方法论上。在此处特别指出以下几项问题：第一，数学方法论属于新兴学科，拥有开放性和发展性的学科体系，也就是说，数学方法论处在动态变化和持续发展的进程中，会随着数学与其他学科的进步而不断调整与完善其中的内容。第二，数学学科拥有悠久的发展历史，具备众多的数学分支，同时还有着多元化的层次，相应地，数学方法论也有多元化的层次。也就是说，初等与高等数学在方法论上的内容是有很大差异的，近代和现代数学的方法论内容也有着很大差别，我们必须站在实际的角度上分析，着眼于不同层次。本书主要把初等数学方法论的研究作为重点内容，与此同时把初等和高等数学进行整合，进而展开了针对数学方法论的诸多基本问题的研究探讨。

第二节　数学方法论的性质与对象

一、数学方法论的学科性质

数学方法论是一门探索数学发现规律和原理的重要学说。我们要想从根本上把握其学科性质，必须考虑到数学方法论和哲学、逻辑学、数学史等诸多学科存在着密不可分的关联。

第一，哲学是世界观以及认识论。由于马克思主义世界观和认识论是认知与改造世界根本方法的结晶，所以马克思主义哲学是世界观、认识论以及方法论的辩证统一，也就是一般方法论。

在前面的说明当中，我们已经了解到数学方法论是科学方法论当中的一个组成部分，是其中的特殊领域，是科学认识规律在数学当中的直接体现，所以数学方法论当中涉及的理论内容不能脱离马克思主义哲学思想指导。

第二，逻辑学是一门源自于数学这门基础科学的学科，逻辑规律和方法是至关重要的科学认知方法，在研究数学学科当中占据极高地位，所以数学方法论研究和逻辑学之间的关系是不言而喻的。

第三，数学方法本质上是数学思维活动方法，还是数学思维活动的程序与步骤，直接体现出的是人意识的能动性，所以数学方法论的学科性质研究需要运用到思维科学这一重要内容。

第四，数学方法和数学学科是同时产生的，数学方法和数学都处在不断发展变化过程中，方法的变化和数学发展是有着密切关系的。所以，探究数学方法起源和发展，研究数学家思维，探讨数学人才成长规律等诸多内容都需要对数学史料进行有效分析，而且只有做好数学史的分析，才能真正揭示数学规律，归纳数学思想方法的一般准则。站在这一角度上说，数学史是数学方法论完善进步的有效根据以及动力之源。

第五，在探讨和分析数学方法论的过程中，不仅要将多元数学知识作为背景资料，还需要对数学中横向关联进行研究，探讨其中蕴含的思想方法、原理等内容。所以，数学方法论要把数学当作基本材料，而数学方法也是数学这门科学的核心内容。

由此观之，数学方法论融合了多元科学，可以被称作具备独立性、综合性的交叉学科。数学方法论将数学史作为研究背景，关注数学和方法学的整合，借助哲学、思维科学、逻辑学等的理论知识，探究数学思想方法、模式精神等诸多内容，进而揭示数学本质与规律。所以，数学方法论在研究对象和内容方面有着特殊性以及丰富性。

为探讨数学方法论学科性质这一问题，我们不仅要把马克思主义哲学当作思想指导，还必须和与数学方法论有关的学科作为研究重点，探讨其中的差异与联系。下面将对数学方法论和以上几个科学的区别进行简要说明：

第一，和科学方法论的区别。科学方法论属于依照唯物主义认识论总结出的科学研究的一般规律和方法，而数学方法论属于科学方法论当中不可或缺的组成要素，更具学科特性，拥有特定研究对象与内容。

第二，和数学基础的区别。数学基础是一门探究数学方法、性质、对象的学科，而方法论只是应用数学基础的相关成果开展研究活动的学科，二者在本质上完全不同。

第三，和思维科学的区别。从本质上看，数学方法是思维活动方法，虽然在探讨数学方法论的时候，不能脱离思维科学，但是又不更多涉及思维科学领域中的思维问题。

第四，与逻辑学的区别。逻辑方法是科学认识法，在数学方面占据举足轻重的地位，数学方法论探讨的是数学逻辑的结构、方法、规律、逻辑等在数学当中的应用，并非是对逻辑学的系统研究。

第五，与数学史的区别。虽然我们知道，在分析数学方法论的时候需要将数学史料作为背景，要把史实作为探讨思想方法的重要根据，但是也要认识到数学方法论研究并非只是单纯研究科学史与数学史。

第六，与数学的区别。数学方法论是数学的灵魂，更是其中的核心内容。人类在探究数学方法论的时候，需要把数学知识作为重要的背景资料，与此同时，还需要揭示数学当中隐含的思想方法原理等诸多内容。从一定程度上看，数学方法论和数学研究是不同的，但其中的思想方法是数学当中不可缺少的一部分，是数学知识系统当中的深层次要素。

综上所述，数学方法论是马克思主义哲学指导之下的，探究数学思想、方法、原则等内容的新兴学科，是涵盖多元学科的交叉学科，所以单纯地从某一学科层面给出数学方法论定义都是片面的。当然，我们也不能将其等同于一般微观层面上的解题方法学等内容。

二、数学方法论的研究对象

数学方法论的研究对象是理论问题，涉及大量有关数学本质特征的数学基础问题，但是由于数学方法论属于独立学科，在研究对象方面是有侧重点的，具体体现在以下几个方面：

（一）关于数学功能的研究

正如我们都知道的，数学拥有多元化功能。第一个功能是科学功能，也就是说，数学是科学语言与方法，在社会、自然等科学与哲学领域都具备突出的方法论价值。第二个功能是思维功能，也就是说数学是思维工具，是开展数学思维活动的重要载体，能够为思维锻炼提供平台。第三个功能是社会功能，也就是说数学是认识与改造世界不可或缺的工具，在生产生活、文化、经济、教育等诸多领域都占据举足轻重的地位和发挥着不可替代的作用。第四个功能是心理功能，也就是说数学是全人类珍贵的文化财富，能够帮助人形成完善人格以及优良的心理品质，促进人心理素质的完善与发展。当前，越来越多的科学呈现出数学化趋势，再加上数学广泛应用于诸多领域，那么认识数学功能就显得非常重要。

（二）关于数学内容辩证性质的研究

辩证唯物法当中说明客观世界当中，矛盾是无处不在的。数学作为现实世界的一个重要反映，也一定存在着很多矛盾，蕴涵着唯物辩证法的知识。探究数学内容辩证性质，有助于认识数学本质和规律。数学内容辩证性质的研究内容主要包括两个方面，其一是数学中的矛盾，其二是数学中辩证法分析。

（三）关于数学中常用方法的研究

数学属于兼具工具性和方法性的科学，来源于科学，同时又给科学提供服务。所以，我们说数学方法在数学学科当中占据特殊地位。数学常用方法当中既涵盖一般性的方法，如观察、分析、比较、综合、抽象等，同时还包含数学特有的方法，如抽象方法、公理化方法、模型方法、构造方法、试验方法、化归方法、映射方法等。通过研究这些方法，能够进一步强化和发挥数学功能，因而是不可缺少的研究内容。

（四）关于数学思想方法的研究

数学拥有悠久的发展历史，在长时间的发展与完善进程中，构建了具备严密性的数学知识系统，与此同时还形成了极具应用价值的思想方法，通过对思想方法的形成发展乃至于应用规律进行有效把握，有利于更深层次地对数学进行认识和了解，进而推动数学发展。在此处又涵盖两方面：第一，站在整体角度上探究数学思想方法的进化；第二，探究数学思想方法个体发育。

（五）关于数学思维的研究

数学活动当中，占据核心地位的是思维活动。要想提高思维活动的有效性，就必须要有正确的思维方法作为根本支撑。分析数学思维特点、模式、结构等方面有助于推动数学进步，更好地发挥和增强数学功能，对数学人才思维能力和综合素质进行培养。这里把主要的研究点放在数学思维特征、方法、层次等方面。

（六）关于数学推理的研究

数学是一门演绎型的科学，在众多的数学活动当中，逻辑推理是经常性的。把握了数学中归纳、演绎、类比等推理策略，能够促进数学学习质量的提升和数学研究的完善。但是推理具备多元化，在研究多个推理方法时，主要会探究推理方法的规则、原理、程序等内容，与此同时还会研究推理方法在数学发展与教学当中占据的地位和起到的作用。

（七）关于数学语言的研究

数学语言也被称作符号语言，虽属自然语言，但是一种被改进之后的自然语言，具备准确性强、精炼、可变元等特征，实现了词、词义、符号三位一体，直观语言（图形与符号）与抽象语言（词义）互释互译的特点，是其他学科语言所无法比拟的。在探究数学方法论的过程中，把研究侧重点放在了数学语言方面，并着重对数学语言特征、功能、发展等进行分析。

（八）关于数学人才成长规律的研究

数学家们为数学发展和数学宝库的构建做出了突出贡献，正是因为这些数学家们的付出，才进一步丰富了数学成就，推动了数学的发展与演变。假如我们对数学家的思想、方法、成就等内容进行分析，挖掘其中的内涵，并进行提炼总结，相信能够在很大程度上把握数学人才成长规律，进一步推动数学教育改革的发展，培育出更多具备创新力的人才。

第三节　数学方法论的产生与发展

从古至今，只要是对数学进步做出巨大贡献的数学家与哲学家都特别重视数学规律和数学思想方法。可以说数学方法和数学学科产生时间相同，并呈现出同步发展的特点，所以数学发展史实际上就是数学方法论的产生与进步史。

一、数学方法的积累

数学萌芽是在远古时代一直到公元前 6 世纪，而这一段也是数学方法出现与积累的时间。在这一阶段，人类为了满足生产生活的实际需求，开始分析物品分配、土地丈量、天文计算等来自于生产生活实际的诸多问题。在解决实际问题的进程中，不单单促进了分数、自然数等概念的产生，促使初步算术和几何的形成，还归纳与积累了很多数学研究方法。

比如，在算术领域，印度人创立十进位计数法，并形成了十位制计数系统；在几何领域，人们凭借一定的观察法与简单逻辑推理进行了图形性质的分析，促进了简单测量与实验方法的形成。新型文字以及纸草文献等就包含着算术运算、几何计算、开平方等方法。而我国战国时的《考古记》中记载了简单量器，如尺、规、绳等。汉朝的数学著作《周髀算经》中记录了用矩测量、解方程等重要的数学方法。

这一阶段是萌芽与积累时期，不过数学知识呈现出零乱的特征，此时数学还不是独立科学，人们所研究的数学方法也有着很大的局限性，只是涉及解决实际问题中个别具体的方法。尽管是这样，数学方法的产生与积累，预示着数学方法论萌芽，让数学方法论的产生拥有了良好条件。

二、数学方法论的萌芽

从公元前 6 世纪到 17 世纪初期，属于常量数学发展的重要时期。到了这个阶段，数学研究对象开始从实际事物与实际问题当中脱离出来，理想化成纯粹数学研究对象。除此以外，人们借助逻辑方法，将原本零乱化发展的数学知识进行了整理，将其转化成为演绎体系。另外，在数学当中引入了特定符号系统，进而促进数学计算、推理、证明等方法的健全。于是，数学从只是解决实际问题的方法，转化成为独立科学，并拥有了代数、几何、三角等众多的数学分支学科。

这个阶段，人们在数学方法归纳总结方面的层次有了很大限度的加深，也促进了诸多新数学思想方法的产生。比如，古希腊思想家亚里士多德研究了观察分类等方法，同时还在他创作的《工具论》当中创建形式逻辑，对归纳以及演绎法进行了阐述，同时还总结出演绎推理三段论法；古希腊学者欧几里得创作《几何原本》，同时还创立公理化思想方法；我国著名数学家刘徽在《九章算术》当中对割圆法进行了记录，而割圆法也是数学极限思想当中的萌芽。在方法论萌芽时期，不仅让观察实验等诸多方法得到完善，成为 16—17 世纪的重要科学方法，而且还产生了诸多数学思想方法，让数学方法论成为完整学科拥有了坚实根基。

三、数学方法论的形成

在经历了数学方法论的萌芽阶段之后，以笛卡儿出版的《几何学》为开端，一直到 19 世纪 20 年代是数学方法论的形成阶段，也把这个阶段称作变量数学时期。

在方法论形成的阶段，数学研究对象发生了根本性变化，主要体现在数学常量研究转为变量研究，从离散量研究转为连续量研究，同时研究对象的难度也在不断提高，且向着动态化的方向发展。因为研究对象的根本转变，让数学也发生了翻天覆地的变化。解析几何的产生让数形结合成为现实，也让数学的统一化趋势变得更加显著。微积分的产生为分析学发展打下了坚实根基，一些与函数研究相关的微分方程、复变函数等理论开始逐渐确立起来，也促进了概率论、微分方程等学科的产生。在这些学科的相互作用以及共同影响之下，数学拥有了一个非常系统庞大的学科群，让数学和自然科学的联系有了连接的桥梁，同时也让诸多数学实际问题拥有了简单有效的解决方案。

在变量数学阶段，科学已经从积累过渡到整理发展的阶段，推动了诸多学科的构建，也让数学方法的研究变得更加深入。笛卡尔创作的《更好地指导推理和寻求真理的方法谈》标志着数学方法论的初步形成。

数学方法论的初步形成有以下几个方面的体现：第一，坐标法和微积分的出现，实现了数学思想方法的重大突破，从此辩证法进入了数学，成为数学方法论的哲学基础。第二，很多和数学方法论相关的专著相继出版，在方法论的研究方面获得了突破性进步。比如，笛卡儿在他创作的《几何学》著作当中，首次创立和提出数形结合思想，又在他的《方法谈》著作当中对演绎法进行了论述，同时还对方法论原则进行了说明。

四、数学方法论的发展

近现代数学阶段的起止时间是 19 世纪 20 年代一直到现在，而这个阶段是数学方法论成为学科，并推动学科发展的关键时期。在这个阶段，数学学科的不同分支已经到了完善化程度，同时数学研究对象也较以往产生了翻天覆地的改变，朝着一般化与抽象化的方向进展。其中，几何学不再局限于现实的一维、二维、三维空间，而是在此基础之上扩展到 n 维、无穷维与非欧空间；代数研究突破了代数运算研究这一内容，开始朝着代数抽象结构研究方向发展；分析开始从研究函数发展变成分析函数的函数。在以上几个学科的基础之上，又相继产生逻辑代数、拓扑学等交叉新学科。除此以外，这一阶段数学应用的进步是非常惊人的，构建了大量应用数学理论，比如规划论、控制论、对策论等。

伴随近现代数学的长足进步，数学方法论开始成为独立学科，并获得了长足发展，下面将对几个重要标志进行说明。

第一，产生了大量数学思想方法，它们均具有划时代意义，并促进了数学基础学科大变革。例如，在几何学领域，著名的数学家巴切夫斯基以及黎曼否定欧氏几何第五公设，并在此基础之上创立罗氏几何和黎氏几何，导致儿何学领域产生了革命性的改变，同时也推动现代公理化方法的出现。再如，德国数学家康托尔建立集合论理论与思想方法，为微积分的产生发展提供了理论根基；柯西和魏尔斯特拉斯提出极限思想，并运用这一方法促进了微积分的严密与标准化建设。极限和集合理论的产生，对数学基础研究发展来说是意义非凡的。

第二，数学中的科学认识与逻辑方法变得更加健全，同时也在逐渐趋于成熟。比方说，英国著名哲学家穆勒，在他的著作《逻辑体系》当中对归纳方法进行了深层次总结，还提出了具体的归纳原则，让归纳法变得更加科学；德国数学家赫尔德，在他创作的《数理方法论》等著作当中，对演绎、归纳、公理化等方法展开了总结，并推动了这些方法的完善和进步。

第三，大量哲学家和数学家开始将研究关注点放在数学思想方法上，并为了研究活动的顺利实施，开始组织学术团体与会议，从事方法论的专门性研究。比方说，法国数学家庞加莱几十年如一日，在数学创造法则以及思想等领域展开深入研究，并在方法论研究方面获得了丰硕成果，发表了很多有关的专著，如《科学之价值》《科学与方法》等；德国大数学家希尔伯特 1900 年在第二届国际数学家代表大会上所作名为《数学问题》的著名演讲，论述了数学问题在数学发展中的巨大作用，后来成为一本极有价值的数学方法论著作，指明了 20 世纪数学发展的方向；美国数学家维纳在 20 世纪 40 年代开始在美国哈佛医科学校领导科学方法论讨论会，每月一次，而这样的会议也持续了很多年，为控制论的出现打下了坚实根基。

第四，将数学方法论当作学科开展研究。在步入 20 世纪之后，伴随科技的迅猛进步，科学方法变革全面推进，产生了很多新科学方法，如系统法、信息法等。在这一阶段，大量数学家逐步把数学方法当作学科来归纳总结，让数学方法论在独立学科建设方面获得了长效进展。比方说，数学教育家波利亚在这一时间段先后出版和发表《怎样解题》《数学的发现》等极具影响力的著作，对数学思想方法、创造法等展开了深刻归纳与阐述，为数学方法论研究和作为独立学科的进步做出了突出贡献。

从 20 世纪 80 年代开始，我国数学家徐利治就特别提倡对数学方法论进行研究，同时还在研究方面亲力亲为，起到了引领作用，先后主编《数学方法论选讲》《数学方法论教程》《关系映射反演方法》等著作；徐本顺、解恩泽也先后主编《潜科学导论》《数学思想方法纵横论》等著作。

近些年来，数学方法论学科的发展速度很快，同时在这一领域获得的成果也是非常显著的，从而得到了数学以及数学教育领域的关注。我国大量的数学家和从事数学教育的专家创作了很多和数学方法论有关的论文以及经典的著作，还给出了很多独到见解，让数学方法论的学科建设以及完善程度逐步增加。

在数学方法论的研究方面，理论研究的深刻度在不断提高，研究人员在逐年增多，因而让数学方法论体系逐步形成，同时也在成熟和完善的轨道上发展着。现如今，我国很多高校的数学专业都设置了数学方法论选修或者必修课程，让学生可以领略数学方法论的博大精深，并从中获得深刻的感悟。当前，中学数学教师的继续教育和在岗培训等活动也特别注重数学方法论，将其纳入教育与培训体系当中。理论研究和应用范围的扩大，证明数学方法论已步入蓬勃创新进步的新阶段，也开始得到越来越多人的关注，在之后还会继续发挥重要作用。

第四节　研究数学方法论的意义

数学方法论在数学教育学科体系当中占有举足轻重的地位，是其中不可或缺的组成部分，加大对数学方法论的研究力度有助于推动数学进步，强化数学多元功能，促进数学教育改革创新，培育优秀数学人才。

一、有利于促进数学的发展

在探究数学方法论的过程中，通常会把数学和方法学的内容进行整合，以此为基础总结数学思想方法，探究数学发展规律，所以通过研究数学方法论，可以让人们对数学本质的认识更加深刻，进而促进数学的长足进步。

（一）有助于认识数学的本质

在数学方法论的诸多内容当中，研究数学客观基础，并站在辩证角度分析数学内容这至关重要的研究事项，而这也让人们在数学本质认知方面变得更加深入。马克思与恩格斯就是在用辩证方法分析微积分时把握了微积分本质，为数学方法论的发展做出了贡献。马克思加强了对导函数生成过程的研究，并在论述时阐述了否定之否定的过程。恩格斯强调在变数数学，尤其是微积分研究当中指出，微积分思想与方法就是辩证法。例如，牛顿－莱布尼茨公式就是通过常量与变量 a 的相互转化而得到的。为了计算曲边梯形的面积，即计算积分

$$\int_a^b f(x)\mathrm{d}x$$

首先引入积分上限函数

$$F(x) = \int_a^x f(t)\mathrm{d}t$$

即把常量转化为变量，然后求得

$$\int_a^b f(t)\mathrm{d}t = F(b) - F(a)$$

即

$$\int_a^b f(x)\mathrm{d}x = F(b) - F(a)$$

由此可以看出，以上牛顿－莱布尼茨公式就是常量与变量辩证统一的结果。

数学的本质不仅反映在它的客观基础和数学内容的辩证性质方面，而且在它的发展方式上也有着深刻的表现。数学是人类对世界的一种认识，是客观世界在人们头脑中的反映，它源于客观世界，产生于实践之中，数学理论又必须回到实践中接受实践的检验。从这一认识过程来看，数学与所谓的经验科学是相同的。但数学的发展又具有相对于人的实践的"独立性"，数学科学的体系正是这种独立性发展的结果。数学方法论是关于认识规律的科学，它不仅总结了数学科学的认识方法、数学推理的逻辑方法和非逻辑方法，而且揭示了数学发现和创造的规则，从而可以使人们从数学的发展方式中把握数学内在的本质和规律。

（二）有助于促进数学的发展

通过对数学发展史进行观察，我们能够发现数学领域上每一个重大成果的获得都和数学思想与方法的突破创新有着密不可分的关系。所以，把握好数学方法论，同时持续不断地拓展数学思想方法，加大创新力度，能够为数学创造提供强有力的助力。在这一层面上看，研究数学方法论是推动数学进步不可或缺的条件。

例如，笛卡儿就在数学研究当中，把关注点放在了数学方法论的探究方面，他创立的坐标法实现了数形结合，也让数学思想方法获得了极大的突破。而这次突破，不仅推动了解析几何的创立，还为微积分的产生打下了坚实根基，为今后两个世纪数学的进步起到了推动作用。在数学发展进程当中，做出巨大贡献的数学家，如伽罗华、黎曼、维纳等都是因为关注数学思想和方法的改革以及归纳，才开辟了诸多数学研究新领域，有力推动了数学的稳定健康发展。

历史上还有很多的哲学家、物理学家等特别重视数学思想方法研究，也认识到了科学方法的突出价值。爱因斯坦在为青年人介绍他获取研究成果以及在科研领域收获成功诀窍之时，就写下了以下公式：

$$A=X+Y+Z$$

针对这个公式，爱因斯坦是这样解释的：字母 A 表示成功，X 表示艰苦劳动，Z 表示少说空话，Y 表示科学方法。他强调，要想获得科学成功离不开这几个重要条件，尤其是科学方法是科学研究收获成功不可或缺的。荷兰数学家斯蒂文也说过，在众多的科学理论当中，能够对人们的价值观带来最大影响的是科学方法论。

马克思也深刻强调，只有把握数学方法，才能够让科学有完美发展的机会。他们的论述以及精辟的总结进一步证明，探究数学方法论，不仅有益于数学进步，还能够为其他科学建设提供支持，实现多元学科的共同进步。

二、有利于发挥数学的功能

数学是一门工具性强的学科，数学功能是多元化的。而数学方法论研究以及在诸多领域的应用，可以进一步强化数学功能，为数学功能的有效发挥与应用提供动力。

（一）有利于发挥数学的科学功能

数学科学功能的含义是数学在自然、社会科学领域，乃至于哲学当中的工具性价值。数学不单单可以在数学研究当中提供根据和简便化的数学符号语言，同时也可以更改数量研究与计算的方法，满足科学研究与发展的要求，所以数学是各类科学进步当中的工具。现代科技进步的一个显著表现是不同的科学朝着数学化方向发展，不单单体现在各种科学加强对数学知识的广泛应用，还体现在数学思想方法在科学领域进行渗透。华罗庚就曾经说过，在社会学的方方面面都离不开运用数学。所谓运用数学，不单单是运用数学的理论、符号等，更为关注的是数学思想方法。假如在科学的研究发展当中，要经历从定性研究到定量研究的转化，就证明了这一科学已经发展到较为成熟的阶段，这实际上就是数学科学功能的重要体现，于是我们也能够了解到数学方法论在促进数学科学功能发挥当中不可替代的作用。

（二）有利于发挥数学的社会功能

数学社会功能主要体现在社会生产、文化、经济等领域，数学社会功能的发挥能够给社会各个方面的发展提供方法支持以及不可或缺的工具。发挥社会功能的关键要素并非是数学知识积累，而是把数学思想方法与社会实践进行高度整合，将数学知识进行学以致用，有效解决多元化的实际问题。所以，做好数学方法论的研究工作，不断塑造以及完善数学思想方法素养是推动社会功能发挥的重要举措。纵观整个数学发展史，数学家数量众多，而且大量数学家除了在数学领域有着很高成就外，在其他科学与社会领域的贡献和成就也是非常突出的。之所以能够获得这样的成就，是因为数学家把数学方法研究与归纳纳入到了日常工作的全过程。

比方说，数学家欧拉除了在代数、三角、几何、微积分等数学领域有很多创造与成就之外，在物理、天文、造船、建筑等社会领域的贡献也是非常瞩目的。

究其根本，欧拉拥有着非常深邃的数学思想方法，会主动运用数学知识与方法解决实际问题，让数学不仅仅为数学发展做出贡献。欧拉是当之无愧的人类历史当中贡献最大的数学家之一。

数学的科学以及社会功能的本质是利用数学知识解决科学与社会领域当中的诸多实际问题。在这个过程当中需要经历的步骤是：借助数学模型把要解决的实际问题抽象为数学问题；利用化归方法把数学问题转化成规范问题；运用已有数学方法求解问题。显而易见的是，实际问题的解答过程经历了数学模型、抽象、化归等数学思想方法应用的过程，站在这一角度上看，数学方法论对数学的指导价值不可忽视。

（三）有利于发挥数学的思维功能

第一，数学在思维活动和发展进程当中的作用非常独特。在恩格斯看来，数学是一门研究思想事物的科学，也就是说数学研究的主要是抽象思维创造物。数学学科本身有着很强的抽象性特征，而人们正是在这样的抽象世界中加强发现与创造，探索数学内部结构以及数学当中存在的内在关联与规律，进而掌握数学知识以及获取数学思想方法。与此同时，数学思想方法给思维活动提供了路线和程序，发挥着思维训练的积极作用。所以，研究数学方法论有利于促进思维功能的发挥，促进数学思维的发展。

第二，逻辑思维在诸多数学思维当中处于核心地位，因而推动思维发展的核心路径是发展逻辑思维。毋庸置疑，在数学的众多推理方法当中，逻辑推理是最为重要的形式，而逻辑方法也在数学基本思维方法当中全面贯穿。所以，数学在培养人的逻辑思维方面的功能是非常突出的，其培育效果是其他科学没有办法达到的。研究数学方法论，把握数学逻辑思维，会让思维功能得到更好的发挥。

三、有利于数学教育的改革

如今我们处在一个科技迅猛发展与新技术层出不穷的新时代，该时代的显著特征就是知识呈爆炸性增长的状态，同时信息发达程度处于较高水平。伴随着时代的变革以及社会进步，在人才标准方面也有了很大程度的提升，要求丰富人才智能，促使数学教育发生变革，以便适应人才培养的要求。就目前而言，改革传统教育思想与理念，创新传统教学策略，引导人才加强数学学习成了数学教育改革的重中之重。数学方法研究工作的深入发展和研究领域的扩大，可以让数学教育改革拥有巨大的助力，同时还可以为教育改革工作的长效实施提供指导。

（一）促进教学思想的更新

几千年以来，传统教育坚持的宗旨始终没有改变，那就是传道授业解惑，把教授知识当作教学目标。这样的教学思想具有明显的落后性，是在旧观念与旧模式的环境当中沿袭而来，又因为历史积累与相互关联等因素的存在，使得这样的陈旧思想根深蒂固。在如今数学教育实践中，传统思想是非常普遍的，主要体现在：第一，重教轻学。各项教学活动的开展均将教师放在核心位置，过度强调师道尊严，而忽视学生的学习需求以及内在学习规律，难以满足学生的发展要求。第二，重知识轻技能。课堂教学一味地将关注点放在知识教育方面，仍然是应试思想，想要提高学生的分数以及学生整体的升学率，忽略学生综合技能，尤其是创新能力的发展。第三，重结果轻过程。在数学教育当中特别重视数学结果，而不能够让学生把握知识的形成过程，无法让学生认识到其中蕴含的数学思想方法，因而降低了教学效果。第四，重智力发展轻非智力因素。智力因素在学生的学习成长当中固然重要，能够丰富学生的数学知识，锻炼学生的学习技能，但是非智力因素在其中发挥的作用也是不可替代的。例如，非智力因素当中的心理因素，积极心理因素对于学生的课程学习有着积极的促进、激励以及强化作用，如果学生不具备积极的学习态度，那么就会丧失对数学学习的兴趣，不具备坚强的意志力，就不会脚踏实地地投入课程学习，突破学习当中的诸多难题，会给学生的全面发展带来极大的制约。

现代教学论提出，数学教学任务必须突破狭隘的教学观，不能够一味关注数学知识的传授，还需要在知识教学的同时，加大对学生能力培养力度，尤其是对学生进行数学思维能力的培养，为现代数学教育改革创新提供正确方向引导。

现代教育思想在结构观、目的观、发展观与质量观等方面都有着直接体现。所谓目的观就是现代教育目的，结构观指的是课堂教学当中的规律，质量观指的是教学评价，发展观则是辩证教学思想。在诸多现代教育思想当中，目的观居于核心，结构观是关键。苏联数学教育家斯托利亚尔就曾经在他论述的《数学教育学》当中特别说明数学教学是数学思维活动教学，不能够局限在数学知识的传授方面，这属于只关注教学结果，忽略了教学过程以及这个过程当中的一系列思维活动。这实际上就是数学教学新结构观的体现，阐明数学思维过程是教学当中最具价值的部分，而这样的思想也可以说是现代教学思想的一个伟大突破。

到了21世纪，我国在中学数学教育改革方面继续加大了力度，也制定和落实了新课程标准，其中特别说明，数学内容、思想方法等在自然与社会科学的研究与应用当中发挥着不可替代的作用。在具体的教学活动中，先要指导学生把握数学概念，扎实数学学习基础之后再探索数学规律，尤其是数学思想方法等内容。就这样，重视数学思想方法教学成为现代教学思想当中不可缺少的一部分，也被纳入到数学教育的重要日程。在多元化的数学实践活动当中，通过一系列的思维活动，能够有效归纳数学思想方法，发现数学规律，不仅能够让基础知识和技能教学得以顺利有序地开展，同时还能够锻炼学生的实际能力，促使学生在学以致用的过程当中丰富数学能力，完善数学思维。

由此观之，加强数学思想方法的归纳总结，在教学活动当中探索思维过程，是现代教学思想落实的要求，更是一门重要的教学艺术。而要想更加深入全面地掌握数学思维过程，实现数学思想方法的有效渗透，离不开数学教师的努力，要求教师不断扎实基本功，丰富教育教学技能。数学方法论是探究数学规律的一门科学，利用一系列的方法论研究工作能够让教师对数学本质规律的认知更加深入，也可以让他们把握数学思维过程与方法，从而不断完善教师业务素质，构建健全的知识体系，发展教材研究与利用能力。而站在这一层面上看，分析数学方法论是革新教学思想，促进数学教育改革工作长效进步的动力，其现实价值是不可忽视的。

（二）促进教学方法的改革

现代教学思想的演变和创新在不断进行，从 20 世纪 70 年代开始，很多国家就将教学方法研究放在了智力培养与人才培育的层面，也让教学方法的创新获得了显著成果。现代数学教学方法获得新进展的一个重要标志就是从单一注重知识讲授转向引导学生加强知识的自主学习，从接受式学习转为发现性和探索性学习，从解释和灌输性教学转向发展性教学。在教学方法改革创新方面，其他国家做了诸多尝试，当然我国在这一方面也不断加大研究力度，开展了很多有益探索，也诞生了大量创新性教学方法。国外的创新教学方法有程序教学法、实验教学法、范例教学法等；而国内的创新性教学法有单元教学法、自学辅导法等。

上面提到的很多创新性教学方法在程序和结构等领域有着各自不同的特点，但是它们在展现教师主导作用以及学生主体作用、记录思维过程与思想方法等方面都带有现代教学思想特点。站在数学教学层面上看，主要有以下几个表现：第一，打破了以教师为核心的教育模式，不再将教师的知识传授作为教学重点，注重发挥教师主导作用，提倡发挥教师指导作用，让教和导显现出辩证统一的关系。第二，凸显思维活动的教学过程，可以确保学生主体地位的确立和主体作用的发挥。学生是课堂主人，更是全部数学学习活动的主人，因而让学生拥有思维活动的主动权与自主权。将立足点放在促使学生主动学习知识与锻炼能力上，是现代教学方法需要具备的另外特点。

我们都知道，教学方法从属教学思想，而教学思想的变迁一定会带来教学方法上的变革。站在现代教学论的层面上进行研究，所有具备极高效力的教学方法都必须有助于教师主导与学生主体作用的发挥以及二者的协调发展，一定要关注数学思维过程与加强思想方法的渗透。在此处，后者为前者提供了根基，让学生真正体验到数学思维过程，并且把握住其中蕴含的数学思想方法，能够让学生的主体地位更加的坚定；只有在学生主动探索和学习知识的过程中，才能够发挥教师的主导作用。

（三）促进数学的学习和数学人才的成长

站在系统论的层面上分析，我们可以认定数学教学包含两个系统，分别是知识系统和能力系统。知识系统当中包含的是古往今来数学家已经发现、论证与归纳的数学知识构成的知识系统；能力系统包括的是知识获取能力、应用能力、参与数学发明创造的能力等。传统教育模式的显著特征是对知识系统进行持续不懈地追求，忽视能力系统，而在这样的教育体系之下培养出来的只能是继承人才。如今国家正在全面推进现代化建设，而要实现这样的宏图伟业，需要在数学教育方面进行改进与提升，培养出更多开拓型人才，而非继承型人才，所以传统教学重知识轻能力的局面必须要进行彻底转变。

大量实践证明，要评价一个人的学习质量，评估其数学才能大小，通常并不在于数学知识的多少，更多的在于数学思想方法素养，是否可以领略贯穿在数学当中的思想方法，是否可以有效运用其解决多元化的实际问题，开展数学发明与创造。而这样的观点已经成为人们的共识。纵观大量在数学领域做出突出贡献的数学家，他们都特别关注数学方法研究，同时还推动数学思想方法的全面变革，如笛卡儿创立几何学、黎曼创立非欧几何等。

在数学教育的长效发展当中，开始有越来越多的教育家们把关注点转向了数学思想方法的指导方面，注重将有效的思考方法以及优良学习习惯的指导放在教学核心地位，不再为学生灌输枯燥乏味的知识，而是让学生掌握生动的学习方法，实现触类旁通。在数学教育的长时间实践当中，越来越多的人已经认识到了数学思想方法的把握有利于推动学生数学能力的发展，推动学生综合素养的提升。

人们在收获知识方面，主要借助两种途径，分别是学习前人的旧知识和在实践探究与理论分析当中收获新知识。第一种途径可以被称作继承，而第二种途径则是创新。不管是继承还是创新，要获取丰富知识，就一定要有数学方法论素养作为根本支撑。学习和把握数学方法论的内容，不单单能够对数学知识的理解更为深入，同时还能够更好地把握数学理论与方法的精神内涵，进而增强分析与解决问题的能力。所以，在推动数学学习进步方面，做好数学方法论的研究与探索工作是非常关键和必要的。

数学方法论研究的基本内容是发展数学的方法，着眼于数学创新。通过强化数学方法论的学习与探究，不仅能够让人们在学习数学思想方法方面更加自觉，有效把握数学规律和法则，还能够促进人们科学素养以及鉴赏素质的发展，这些都是数学人才教育和培养进程当中至关重要的部分。

就目前而言，我国在数学教育领域已经获得了很大的进步与发展，而如今这个新时代要求数学教育要面向世界、未来和现代化。为了满足这样的要求，适应数学变革的需要，我们在接下来的数学教学当中一定要将新思想与新方法进行贯彻落实，提高学生学习、应用和发展数学的综合才能。基于这样的考虑，加大数学方法论研究力度有现实和历史意义。

第二章 数学方法论与数学教学

第一节 宏观数学方法论与数学教学

数学发展史是全人类社会科学技术发展进程当中的构成部分，数学进步的动力之源和社会实践与技术进步的客观需要存在着密不可分的关系。因此，数学科学发展规律能够在数学发展的诸多材料当中归纳总结获取，能够从探索人类智慧的进程当中分析获得。撇开内在因素，数学发展规律可以被纳入到宏观数学法的范围。

宏观数学法涵盖的内容很多，主要有数学观、数学心理、数学美、数学史、数学家等内容。很多人认为，上面的问题和数学教学的关系不够突出。但事实上并非如此，本章只是就上述内容和数学教学的关系进行一定的讨论。

一、数学观与数学教学

数学观可以被归入到数学哲学范围。

数学在本体上具有两重性，内容上有着明确客观意义，是思维对客观世界的能动反映。从本质上看，不管是哪一个数学对象都有其现实原型存在，因而数学是人们发现的；从数学形式方面看，数学不是客观世界真实存在着的，属于思维创造物，因而数学是人们发明创造而来的。

（一）数学内容的客观性与数学教学

在我们的生产生活实际当中，很多问题都能够向数学问题转化。换句话说，利用数学能够解决大量生活实际当中存在着的问题。就拿经济领域来说，收入、人口、国民经济产值等内容的研究不需要运用数学来完成。在我们生活的现实世界，上面的一些问题随处可见，数学从现实世界当中抽象而来，同时又在现实世界中进行应用。总而言之，数学的高度抽象性，决定其应用的广泛性。

数学具有精密性以及实验性的特征。在波利亚看来，数学是一门具有两重性特征的学科，既是演绎科学，又是归纳科学。所以，数学教学当中也要展示出数学的两面性，让学生得到综合全面而又系统的数学教育指导。

因为数学内容客观性特征的存在，强调我们的数学教学要尽可能地联系实际，通过学生感受数学的现实性，感悟数学价值，这对于提升数学兴趣和增强学习内驱力，认识"数学也许对'我'是无用的，但是离开数学学习，'我'则是无用的"将有很大帮助。

数学教学不只是解题训练，数学教师必须改变传统的教学观，在数学教学当中紧密结合学生的生活，让学生不再局限在数学公式定理的推理方面，而是要引导学生加强对实际问题的认识和研究，让他们可以发现生活当中无处不在的数学元素，体会数学应用的乐趣。

我们的生活中有很多问题和数学存在着紧密的关系，学会将生活问题转化成数学问题，之后借助所学知识解决问题，才能够真正提升数学教学效果。而且这样才算是科学化的数学教学，其效果更为突出，更胜于题海战术和机械性的记忆。这是因为把生活问题转化成数学问题，需要应用到数学的思想、数学的方法去思考和分析问题，是一种创造性思维的工作，它显然要比让学生直接在题海中学习数学的解题方法更能发挥数学的教育功能，不仅能形成和发展学生的数学品质，而且能培养学生的一般科学素养。

（二）数学形式的创造与学生能力的培养

数学形式是人们在认识与把握数学本质的前提条件之下创造而来的。从数学产生的时候开始，人们就步入不断创造符号、构建模型以及运演的轨道。这样的创建不仅让数学理论迅速发展，还让整个人类科学的进步发展速度大幅提升，促进了人类文化的繁荣。站在这一角度上看，数学教学应该让学生亲身体验数学形式的发明创造过程，让学生亲自投入到数学建构活动当中，让学生的创新思维以及创造力得到有效的培养与锻炼。

数学教学应该让学生体验到数学抽象语言建构的进程，关注学生的学习过程，而不是直接告知学习结果，否则会让学生的思维受到限制，降低思维的灵活性和创新力。正确的做法是要激励学生大胆地进行再创造，在考虑学生能力水平的前提条件之下选用恰当的教学材料，优化教学设计，改进教学指导。要为学生积极创造机会，创设能够让学生再创造的教学情境。要关注学生创新思维和创造力的培养，教师需要将情境教学法作为重要教学策略，为学生提出实际问题，鼓励学生在身临其境当中应用已学知识完成创造出新，更加科学高效地解决好现实问题。

（三）数学知识的两种形态与数学教学

1. 数学知识的两种形态

传统数学教育观给出的观点是：数学知识是用数学术语或公式符号进行表达的一种系统性知识，在形态上具备程序化和陈述性特征，而且显性特点非常鲜明，属于定型化的知识。于是我们常常将这类知识叫作数学显性知识或显形态。受传统教学观影响的数学教师在开展一系列教学活动时会想方设法地让学生记忆数学知识，同时为了扎实记忆，让学生投入题海战术当中。在学生的数学学习生涯当中，开展一定量的数学练习是非常重要的，但是将学生局限在题海当中，会制约学生的能力发展。

科学数学观给出的观点是：数学知识包含显性和隐性两种知识。显性知识能够用数学公式、术语等方法进行陈述，拥有陈述性、系统性以及程序化的特征，同时还带有社会化性质；隐性知识形成于人的数学活动过程，有些时候无法用语言文字或者数学符号进行表达，而这类知识是潜移默化且不具备系统性的，具有过程性的动态性特征。

也有一些人把显性知识称作结果性知识，将隐性知识称作过程性知识。

要想保证显性知识的生存，必须把隐性知识作为根本依靠，而隐性知识是支配者数学活动，且能够为显性知识的发展提供指导。只有当隐性知识转化成为显性知识之后，才会带有社会化与公开性的特征，才可能实现沟通传递以及保存传承。可以说，显性知识实际上是隐性知识升华的产物。

隐性知识与人们日常实践活动以及思想观念的亲和度高，这是因为隐性知识是学生在学习活动和特定情境当中收获的体验，包含着不可言传或者潜意识层面的个性化理解与感知，对于广大学生来说是鲜活和富有生机的。

上面提到的内容是对数学两种形态的第一种分析。对于数学学科的未来发展而言，下面的这一种分析更为重要，也就是将数学划分成学术和教育形态。

在此处存在着一个故事，古希腊的著名哲学家，也是数学家托勒密为制造弦表证明了托勒密定理，也就是圆内接四边形对边乘积的和等于两条对角线之积。按照古希腊传统，托勒密只是对定理和证明进行了展示，没有写发现过程。于是笛卡儿既诙谐又辩证地说：古希腊哲学家并不是轻视发现过程，是过于重视，以致不愿意将其公布给世人。阿贝尔特别不满，于是将高斯作为出气筒，说高斯就像是狡猾的狐狸，一边走一边用尾巴抹掉足迹。

如果认真细致地进行分析的话，我们很容易发现导致以上问题产生的原因有多个。当一个人集中注意力到一个难题的探究过程当中，通常会把注意力放在事情本身进展方面，不会把精力放在其他方面。再说很多难题的攻克、重要的发现，有些时候是灵感产生的结果，是无法准确说明如何发现的。突破关键之后，要将推理过程进行记录整理，而这一过程可能会耗费很长时间，就不会再有精力对发现过程进行反思和说明。

更重要的一点是，数学通常是不容人关注主题外其他内容的，强调给出的见解必须要简练而严谨。哪怕是在故事当中挖苦高斯的阿贝尔，他在所发表的五次方程没有根式解的数学论文当中论述的内容也只有六页而已，整个推理过程非常简单凝练，使得很多权威学者，包括高斯都不能有效理解其中的含义，而这实际上就是重结果轻过程的思维理念影响导致的。

总之，为适应整理记录成报发表等一系列的需要而出现的数学学术形态之时，至少要具备以下几个特征：

（1）按照从定义到定理再到证明的程序，顺应演绎推理需求进行呈现，实现环环相扣和满足严谨性要求。

（2）用通俗易懂的数学符号语言进行系统性表述，具备规范性以及标准性特征。

（3）省略显然推理以及征引命题证明，有的仅是简练概述，凸显数学简洁之美。

（4）去除复杂背景论述以及探究猜想过程的交代，具备纯粹性特征。

总结起来，其特征主要体现在严谨、简练、规范、纯粹这几个方面，便于呈现出来的内容可以有效满足审查、检验、印制与沟通的需求。

就数学教材而言，在编写教材内容时，为保证学生的理解难度得到降低，于是用很多方法对教材内容展开了处理。例如简略叙述背景、系统性地进行内容编排、详细论述证明经过等。但受到很多因素的限制，还不能脱离学术形态的诸多特征，尽管已经带有了很多教育形态特点。

就像是人们不仅要看剧本小说，还要看电影和看戏，数学学习不仅要学习数学知识与技能，还需锻炼数学思维，探究学习策略以及完善学习品质。所以，数学知识教育形态的形成与建立就显得非常必要，其特征主要体现在：

（1）依照提出问题、探究问题、猜想结论、证明结论的顺序，遵循归纳演绎要求，用多样化的方法呈现，带有构建性和返璞归真的特点。

（2）带有必要背景知识的叙述以及情境营造。

（3）揭露渗透以及应用数学方法论，注重为学生提供亲身经历和体验知识产生发展过程的机会。

（4）在确保内容科学性的前提之下，运用下面的表述方法：① 利用通俗易懂以及形象直观的日常用语，只是利用必要符号进行表述。② 利用声名可证法或者扩大公理系统的方法，省略烦琐的命题证明，给予必要和合理化解释。③ 必要数学证明必须要标准和详细。④ 构建系统性知识网，避免出现断路拆桥问题，降低学生理解困难度，缩短划归过程。⑤ 针对复杂度高或者原始性数学概念，利用淡化形式和重视实质的方法在应用过程当中把握概念。

显而易见，这些特征主要因"教学的需要"而形成，充分反映了正确的数学观和科学的数学教育理念。而我们也可以通过特征的分析看到，教育形态和学术形态之间有差异，也有一致性表现。

2.科学数学观指导下的教学原则

为了保证数学教学活动的顺利实施，首先教师需要对数学教学进行科学化设计，为学生营造有助于学生获取隐性知识的教学情景。因为数学显性知识和人们的活动与观念存在一定程度的偏离，隐性知识和人的亲和度更高。在这样的根基之上，引导学生将自己个性化的数学隐性知识转化为数学的显性知识，是因为显性知识的公开性与社会性特征更加有助于交流表达和应用。数学教学活动应该助力于学生有目的和分步骤地完成数学任务，让学生在活动当中提升数学意识。其次，教师必须对数学活动的复杂、多样以及动态化特点进行理解与把握。正是因为这些因素的存在，教师必须做好教学设计，站在宏观层面上进行把握，并加强引导，启发升华。

精心设计，主要强调为学生创造有助于经历数学化与再创造过程的情景，进而培育学生数学意识，令学生明确学习目标，也让学生的整个学习过程得到优化改进。

宏观层面上的把握对教学设计提出了要求，需要有助于学生隐性知识产生，于是教师要善于放手，给予学生自主权与主动权，保证学生真正意义上的课堂参与，让学生的主观能动性得到体现，丰富学生的自我学习成果。

加强引导主要强调的是为学生打造探究、合作的学习平台，培育学生反思能力、归纳概括能力、表达能力等，为学生将隐性知识转化成显性知识提供重要载体；促使学生养成注重反思、加强体验、把握规律等良好习惯，让学生可以真正感受到数学学习的乐趣，丰富学生的成就感。

启发升华要求的是利用学生主体参与的方式展示思维过程，而教师则结合发现的问题、缺陷与优势等进行巧妙点拨，弥补学生的不足，发扬学生的优势，促使学生把教育形态知识转化成为学术形态知识。

二、数学美在数学教学中的指导作用

数学用特有语言构建了特有的数学形式，而这样的形式通常有冰冷面具，遮住了数学本身的光华。而学生认为数学是用冷酷无情法则统治的产物，理解难度大，更让学生不容易接受。数学教学要能够揭开冷酷面具，挖掘数学中美的因素以及有趣的方面，让学生可以感受数学美，并且主动地对其进行鉴赏，为学生营造愉悦宽松的情景，促使学生受到美的感染，进而启迪学生的心灵，让原本枯燥单调的数学符号、公式、概念等内容，转化成为令人神往的财富，刺激学生对数学学习产生浓厚兴趣与探索主动性，从而把握数学美学方法，挖掘数学美育价值，让数学教学事半功倍。

（一）数学教学要引导学生审美、赏美

数学美是数学对象与数学方法在人们头脑中的能动反映。数学活动实际上是心智活动，从本质上看就有理性审美的需要，数学的内容、结构方法等方面都有自然或创造的美，数学美生动、奇巧，引人入胜。事实上，在日常的数学学习和探究活动当中，我们常常能够感受到习题解法简化了，会觉得做了一件漂亮的事，也就是说会认为它是美的。

在具体的数学教学环节，应该将数学美进行明确表示，让学生带有科学的审美观点去看待数学，加强对数学的理解，更好地应用数学。数学当中蕴含着无穷的魅力，有着让人入魔的趣味性，而这些都是因为数学美。数学教学当中，应该引导学生主动发掘数学当中蕴含的美。学生数学能力提高，在很大程度上是数学美追求的宝贵成果。著名的数学家莫尔斯曾经说过，数学中的诸多发现与其将其看作逻辑问题，倒不如说数学发现是神功驱使。这样的力量没有人懂，但是对于美的不自觉追求起着积极促进作用。

数学审美心理要求人们能够具备一定的审美意识，涵盖审美情趣、感受、观念、能力、理想等诸多内容。如果将审美情趣进行层次划分的话，具体可以分成

四层，也就是美感、美好、美妙和美觉。

数学始终追求的目标是从混沌当中发现秩序，将经验升华成规律，将复杂还原成基本，在丑当中发现美和感受美。

（二）以美激趣、由趣生爱、因爱而索

在开展数学教学时，促使学生在学习活动当中领略数学美，能够刺激他们产生学习兴趣，提高他们的学习内驱力以及创造性。要让学生在学习数学的同时收获愉悦轻松的良好感受，提高鉴赏能力，促进学生自主发展。依靠一般数学教育是无法达到要求的，这就需要数学教师充分挖掘数学当中的美，发现其中的趣味性因素，指导学生对数学美进行深刻的感悟与体验，让学生可以感受数学的魅力，体会数学的乐趣和感悟方法的精妙。

三、数学史、数学教育史对数学教学的影响

不管是数学还是数学教育，抑或是其他科学，都有其发生发展过程。尽管数学教师担当着数学教育的责任，但从始至终都不可以脱离对数学形成发展与数学教学整体规律研究的背景。换句话说，在教学实践当中也要从这个背景当中探寻教学材料，优化教学设计，深层次地探索创新性教学思路，同时适当学习与借鉴他人的教学经验，以便促进数学教育的改进与完善。

纵观我国的大量数学教育家，包括数学特级教师，或者是在数学教育领域做出了诸多贡献的人，都是在了解历史上数学家、数学教育以及同行的成果后确立自身对某一问题切入点以及方法的，最终建立了带有自身特色的教学法，形成了特定教学风格，展示出自身在教育方面的独特见解。

（一）史学分析法对数学教学的影响

在数学课题教研当中，从数学发展史当中探寻教学设计灵感，进而研究教学目标与方法，就是视觉分析法。

史学分析法的实施，先要搜集大量和数学研究课题有关的素材，接下来对这些素材展开细致深入的研究与分析，从他人工作或成果当中吸取经验教训，确定自身解决问题的突破口，找到着力点，顺利突破数学问题和完整数学课题研究。所以，史学分析法是历史经验归纳法、综合分析法，从本质上看是经验总结和理性的统一体。

著名数学家波利亚在他创作的诸多著作当中，反复提及的观点是数学具有演绎与归纳这两个侧面，而这样的观点也揭示出数学科学是演绎和归纳的一个综合

体，并表明应该运用辩证的方法分析数学理念，这样才算作辩证科学数学观。

数学当中的每个概念都有各自发生发展的过程，研究这些数学概念的发展史，能够让数学概念教学更加的生动，同时也可以确保教学活动的展开与数学规律相符，与学生的认知和成长规律相符，让学生迅速理解，并且应用好所学内容。

（二）数学史料的教育价值

在人类的文明发展历程当中，数学发生发展历史也是其中不可缺少的一个组成部分，闪耀着理性光芒，而这样的理性精神推动了数学进步，也丰富了人类社会文明。

将数学史料当作重要的材料，恰当地揭示知识产生发展过程，能够改变学生对数学的认知，让学生不再觉得数学是冰冷无趣和枯燥的，让学生在分析和学习数学史料的过程中拥有更加强烈的数学求知和探索的动力。

引导学生掌握数学史料内容，可以让学生对数学产生发展的背景进行有效把握，不单单能够调动学生数学兴趣，还能够改变学生以往片面或错误的认识，让学生意识到数学并不是没有来源的，数学就在我们的身边，生活当中处处充满着数学的身影。这样学生就不会再将数学当作神话学科，揭开了数学神秘的面纱，让学生可以更加深入地解读数学奥秘。

（三）数学家的故事与数学教学

数学发展有特定客观背景，但数学进步和数学家的努力追求是有不可分割的关系的。数学家在数学探究当中执着不懈，面对挫折越挫越勇以及不懈追求的故事，可以帮助学生在面对数学学习中的难题时秉持正确的态度，增强数学学习自信心，进一步锻炼学生的探索精神，让学生可以找到学习榜样，在榜样力量的引导下受益匪浅。

（四）数学教学经验对数学教学的影响

数学教学是一门技能、科学，同时还是一门艺术。

如何把握以及灵活运用好教学方法与技巧，怎样提升教学艺术层次和境界？怎样让教学工作朝着科学化的方向发展，形成带有个人特色的教学风格？这些问题思考起来非常复杂，实践当中也存在着诸多难处。但是只要具备成为数学教育家的抱负和志向，怀着积极的态度、强烈的兴趣，拥有浓厚的自信心，坚定不移地发挥数学教育功能，将职业当作事业，脚踏实地地做好每件工作，虚心学习和借鉴他人宝贵的教学经验与财富，加强对自身教学的反思，刻苦钻研数学哲学、方法论、教育理论，参与教育实验，并整合自身个性特征，创新形成自己的教学方法，突破照抄照搬和生搬硬套的窠臼；在教学结束后总结得失，勤奋探索，开展哲学思考，加强与他人的合作互动，用研究性的态度对待数学课程，持续不懈地做下去，就一定会看到成功和胜利的曙光。

四、数学学习心理与数学教学

数学学习应该是主动接纳的学习过程，需要转变被动性的学习状态，顺利地完成知识体系的主动构建。数学知识与技能的获取并非一个迁移和继承的过程，应该将实践操作与沟通互动作为基础，利用反思总结的方式完成主动建构知识体系的过程。这实际就是建构主义数学学习观，也被称作数学学习心理方法，在数学教育的创新发展方面发挥着导向性价值。

（一）数学学习建构学说

建构主义数学学习观可以被归入宏观层面的数学方法论当中，也是一种数学学习心理方法，而该方法涵盖以下几种重要的学习观念。

1. 数学学习活动是一个"内化"过程

数学学习心理反映出的是学生学习数学进程当中的心理活动，既与数学特征相关，还和一般认知过程有着密切的关系。第一，和数学形式化有着密切关系。数学理论知识有着明显的抽象性与概括性特征，而且数学学科当中理论的抽象与概括性明显高于所有学科的理论知识。抽象与概括过程，实际上也是知识内化过程，利用符号化、同化或者顺应等方式实现；第二，和数学严谨性特征有着密切关系。数学严谨性特点要求结论的获得一定要借助推理论证的方式证明才能够得到肯定，而严谨结论展示在学生面前时因为略去了发生发现过程，变得非常突然和生疏，也因此让学生在学习方面感到困惑。所以，学生在探索和把握数学符号化与形式化的过程中，要有教师耐心细致的指导，特别要依靠教师合理设置的教学情景，让学生可以亲身经历与体验知识过程，顺利地完成内化，之后再转变成外化。整个过程是指导学生深入思索与理解的过程，就是说数学形式化教学能够帮助学生内化知识的情景，确保数学本质的还原。

2. 数学学习是一个主动建构的过程

原有的数学知识、经验是新的数学知识建构的基础。新教授的数学知识内化与建构需要经历四个形态变化，分别是图式、同化、顺应以及平衡，同时还需要学生的感知、消化与创造，最后才可以进入学生的认知结构体系当中，达到掌握的程度。整个过程跟随着的是学生身心方面的变化，必须要有学生的主体参与，不能够由其他人替代。主体参与并非只是动口与动手，关键的是要将思维活跃起来，将动手与动脑进行整合，主动探索数学问题，借助多元化的数学思想方法，完成总结分析，得到新的问题与成果。数学教师则需主动为学生营建有助于学生主动建构知识体系的良好环境。就学生而言，要在教师的领导以及良好环境的支撑之下，发挥主体作用，掌握学习策略，收获理想的学习效果。

3.数学建构过程是一个不断发展深化的过程

数学发展深化依靠严格定义以及严密的逻辑推理，学生依照原有图式同化或者顺应新知识，就要通过动脑加工的方式完成新图式的构建，而获得的新图式通常会带有学生自身的特色，而且获得的认知不一定是完整以及准确的，极有可能出现不足与失误。利用数学练习和应用等方式找到失误，弥补不足，利用反例检验知识，加强感悟，这是建构、反思到再建构的过程，只有经历了这样的过程才可以确保认知结构准确，促进建构活动继续推进。

4.数学建构活动具有社会性质

学生数学建构的学习过程需要学生独立完成，其间不能够由其他任何人代替，不过尽管如此，一定要有特定社会环境。在社会环境当中，我们先看到的是由师生构建的学习共同体，其次，也需要看到家庭、学校、社会等领域对学生开展认知活动带来的一定影响力。这样的影响通常是在沟通、竞争、询问等过程当中实现的。

5."建构"与"理解"

学生对教师传授或者学生从教材当中获得的知识需要经历理解或消化的发展过程。在建构学说指引之下，理解或者消化的含义是非常深刻的，不仅是弄清教师教授或者教材当中给出的数学知识，而是依靠学生自身知识经验给出解释，进而和学生自身认知结构衔接起来，让新材料在学生大脑当中收获特定意义。一旦与自身已有知识经验建立了联系，那么学生就会产生学会和理解的感觉，这样的感觉，事实上是理解较高层次的体现。

6."掌握"的特征

学生是否真正意义上掌握了数学知识，知识建构的效果是怎样的，主要体现在是不是可以给其他人讲得清楚明白，让他人理解。这是试金石，同时也是掌握知识、构建认知结构体系的根本特点。这就是助人者会获得更大帮助的理论根据。

（二）数学建构学说下的教学基本原则

1.主体—主导原则

数学学习的过程是学生主动构建的过程，学生是整个学习活动的主体，所以在具体教学环节，必须确立学生主体地位，以便更好地彰显学生主体价值；学生想要获得数学知识技能，丰富数学思想方法，一定要经历感知、消化与改造的演变过程，最终保障这些知识和学生自身的认知结构相适应，还可以实现真正意义上的掌握与理解。但是整个过程不能让学生过于随意，必须要让学生在教师的科学化引导之下开展学习活动，发挥教师主导作用，让教师扮演好设计者、组织者、参与者、评估者等诸多角色。学生主体要借助教师指导给出的有力保障与支持，但不可以过于依赖，要充分发挥主观能动性，完成教师指导下的自主建构，实现自主学习。

2.适应—创新原则

众所周知，数学知识学习和学生的经验以及数学思维能力存在着紧密的关系，但该学习多少知识，学习怎样的知识，却不应该按年龄"定量"分配，因为这种"相关"不是线性的。根据同化、顺应、平衡原则，数学学习内容不可以难度过小和数量过少，必须有一定难度与数量的数学新知识，只有这样才能够刺激学生产生学习好奇心和探索求新的内驱动力。就数学复习而言，不能只是单纯意义上的重复，也不可以利用煮夹生饭的方法，应该变换角度，纵横变化，让学生在复习过程当中也可以收获新鲜感，获取新感悟。过于陈旧和简单的数学学习素材会让学生产生抵触的学习情绪，难以促进学生学习意志力和其他优良学习品质的培育。

3.教—学—研协调原则

结合认知建构原则的要求，教师组织的教学活动，师生与生生互动沟通的目的，均是想要让学生收获丰富感悟，帮助学生建构知识体系。给予高质量和充足数量的数学信息，调动学生的各个感官，实现各个感官优势功能的发挥，促进学生知识加工与消化的进程，合作，探究性学习等都属于教、学、研协调准则的直接体现，也是建构主体性和社会性相整合的表现，能够从宏观层面上发挥学习共同体的作用。

从一定角度上看，数学学习需要重现人类对数学的建构过程，但是运用过于简单便捷的方法，无法让学生直接获取与消化吸收，必须利用师生与生生互动的方式，利用反思、检验、创新、优化、发展等方法达到真正意义上理解和把握的程度。

4.问题—解决原则

为了提高数学建构的有效性，必须坚持问题—解决原则，要将列出问题作为起点，甚至是把思维失误当作开端，引起概念、理论和实践、必须和可能等方面的矛盾与冲突，从而获得新知识与新方法，之后，再借助学生的自主探索与创造，借助社会建构干预的方法解决问题，接下来利用反思实践的方法提出新疑问，步入下一轮的问题解决过程中，形成一种良性循环的良好学习局面。

5.个体—共同体认知一致性原则

学习的过程应该是学生作为学习主体主动建构的过程，而每一个学生都是差异化的个体，他们在建构方面有着各自差异化的特点。但依照生物发展规律来看，个体认知在一定程度上重复共同体认知的过程。所以，个人知识建构一定会有某些人类共同特点存在。换句话说，假如教师将数学教学返璞归真，也就是依照数学发生发展过程优化教学设计的话，很容易让学生轻松理解与掌握，这符合学生的建构规律，也遵循了数学发展的过程，在这个过程当中个体和共同体存在基本一致性，但我们也不排除有变异与创新情况的存在。

6.优化—创新原则

学习是一种发展的过程，也是观念持续演变的过程。事实上，知识就是某种观念。所以，知识是不能够传授的，在这其中传递的只是信息而已。学生对传递的数学信息进行观念上的研究整合，开展选择性的接收与加工活动。所以，将阶段性总结作为经常性的一种学习活动，理清知识间的内在关联，压缩信息以及进行信息编程，可以更好地在大脑当中储存信息，建立以及优化认知体系。比方说，在解完一道数学题之后，不是立即停止，而是进行一定的反思，将有价值的数学问题以及解决方法变成一种思维模块，然后在大脑当中储存起来，进而在有需要之时迅速检索和提取，让学习到的知识技巧得到有效应用。另外，认知处在发展与深化的进程当中，所以学生认知结构也是逐步发展和重构优化的。在整个进程中，学生改变思想观念，开展创新学习，有助于优化学习质量。

第二节 微观数学方法论与数学教学

微观数学方法包括的内容非常丰富，主要有合情推理法、数学模型法、形式逻辑推理法、一般解题法、辩证推理法等。微观数学方法有很强的可控性，同时也具备操作方面的优势，能够对学生的学习活动进行有效指导，可以为学生思维素质的完善提供辅助工具，也可以促进学生优良数学品质的提升。

一、观察、实验与数学教学

观察和实验在科学研究当中有着非常广泛的应用，能够为科学知识的归纳、科学研究的获得提供有效路径，同时也能够为科学理论的形成奠定坚实基础。

数学学习研究对象是形式化思维素材，虽然来自于经验，但是经历了抽象处理的过程。非物质对象可以开展观察与实验吗？大量的教学实践和相关研究证明，该问题的结论是肯定的。这是因为数学系统符号化事实上属于物化，同时还付诸研究对象所有信息资料。进而数学在研究与表述当中，应用的符号、图形等形式变成了数学对象的替身，而这些可以真实看到与触摸到的东西，就是观察与实验的对象。不过数学中观察实验和其他科学实验的差异还是存在着的。

通过对传统数学教育模式进行研究，可以发现其存在着一个显著弊端，那就是没有注重观察和实验，而是把关注点放在了培养逻辑思维与计算等能力上。现如今，伴随数学研究与教学手段创新改革的推进，尤其是计算机设备和多媒体技术在数学教育领域的大范围推广，将观察和实验引入数学教学当中是至关重要的，同时通过发挥观察和实验的优势作用，能够让数学教学与学习活动更加高效。

（一）观察、实验对数学学习的意义

学习数学应该特别关注数学活动，把活动当中的观察和实验当作重点，培养站在数学视角观察事物的意识与习惯，获取个性化的活动经验，并有效借助所学知识解决实际问题，增强学习兴趣与动力，树立强大的学习自信心。

在教学活动当中指导学生不断丰富知识经验，强调的是教师除了要让学生把握数学概念，掌握数学运算方法，理解数学理论与表达方法之外，更为关键的是，要让学生自主投入到观察和实验当中，让学生对上面的这些知识与经验拥有个人独特的见解与认知。

实际上，纵观整个数学发展史，数学家之所以能够获得成功，为数学发展做出举世瞩目的贡献，其中一个非常重要的原因就是这些数学家注重观察和实验，并在这一过程当中进行主动的发明发现。所以，最佳学习法是自主发现，观察和实验对数学学习意义重大。

（二）观察与实验在数学教学中的应用

观察、实验方法在数学中的应用可大体分为两个层次。第一个层次是利用观察和实验的方式猜想进而实现发现。第二个层次是利用观察与实验的方式探寻解决实际问题的方法。在教学环节，利用观察与实验策略，能够增强学生的知识认知，让学生更加轻松有效地获取方法。

数学观察和实验应用的领域主要体现在观察生活中的数量关系、空间结构等方面。比如，观察几何图形不同元素之间的位置，并亲自动手实验，从而领悟出数学上的结论，将其表述成为命题。这个过程不管是数学的技术教育，还是文化教育的功能都有体现。

利用观察探寻特点，找到解决问题的着力点和突破口；利用观察和已有方法之间的关联，或者是观察已知和未知之间的关系解决数学问题等均属于观察在数学解题当中积极作用的体现。引导学生主动利用观察和实验法，投入到数学素材加工处理当中，能够激发学生的主动性。

伴随现代科技的全面进步，数学实验的价值开始变得直观具体。以往只能在想象当中做到的事，如今能够在数学实验室当中轻松完成，同时很多悬而未决的难题也有可能在数学实验方法的支持下获得突破。比如四色问题，在数学中能够划归成 1936 个情况，而每个情况证明都能够转化成数学逻辑判断，能够用计算机完成操作。不过计算机证明一直到今天，都没有得到广泛意义上的认可。

数学实验能够利用计算机给予的数据、图像、动态表现，获取更多观察试验与模拟机会，以此为根基，能够出现顿悟与直觉，构成数学猜想，之后借助演绎推理的方式完成猜想证明和真伪的判断。

（三）观察、实验与数学证明

数学证明指的是把定义、公理、定理等当作出发点，利用形式逻辑演绎推导获取结论。数学教学当中的定理有很大一部分是利用观察与实验猜想的方法获得的，而要成为定理就要经历非常严密严格的证明。其原因主要有以下几个方面：第一，观察与实验对象仅是数学研究对象的替身，不是本身。第二，观察与实验一定会有误差存在。第三，观察与实验运用到的素材是非常有限的，只可以获得特殊命题，而一般命题必须利用证明方法获得。在数学当中，观察实验以及实践操作不存在证明价值。

就数学教育而言，数学本身的特点决定了观察实验等数学活动，也只有启迪发现、促成猜想的作用，认为它可以代替证明的想法和做法都是错误的。

二、合情推理与数学教学

合情推理统指归纳、类比、联想等思维与推理过程。历史学家分析史料、律师分析案情、经济学家统计推理、物理学家归纳证明等都是合情推理的范畴。数学证明属于演绎推理，该推理具备可靠性和不可置辩性。合情推理则存在风险性以及争议性，不具备持久性。

（一）合情推理在数学中的意义

著名数学家波利亚在对数学二重性进行说明时，陈述了自己的观点：数学常常被当作演绎科学，很多人在认识数学时只是认为数学仅包含证明的单纯演绎性的数学素材，但殊不知，这只是数学一个侧面的体现，数学和其他知识创造过程相同。在证明前，首先需要猜想定理；在得到完整证明前，先要对证明思路进行推测；将观察到的结果进行整合分析；之后还需重复性地不断尝试。数学家创造性成果是演绎推理，就是我们所说的证明，不过这个证明是利用合情推理，借助猜想获得的。只要是数学学习过程，可以在一定程度上体现数学发明过程，就需要让合情推理占据突出地位。

从形式角度上看，数学是逻辑推理组成的一个完整体系，在思维进程层面上是一般到特殊推理论证，从被确认的角度上出发，利用逻辑推理确认结果，各个步骤均是可靠和毋庸置疑的，因此这样的逻辑推理确认逻辑可靠的数学知识，还构建了严密的数学体系。事实上，这样的逻辑结构是建构之后的形式体现，在演绎科学前，数学理论的获得一定要经历探究发现过程，这个过程就是合情推理。

合情推理是数学创造性思维发展的推动力，正是因为创造面对的是前人没有论证过的数学问题，因此依照合乎情理方向，依照个人认为的正确方向完成推理与探究可能获得的结论，探索可能应用到的方法，正是合情推理的用武之地。

学生在学习数学时，教师要求学生利用自身已有知识解决实际问题，那么学生在体验过程当中就一定会经历自我意义上的合情推理体验过程，也就是说，你找自己认为合乎情理的推理方法找到可能正确的方向，不断地尝试，验证自己的想法是不是准确的。在这一角度上看，学生一定要掌握合情推理这一重要的学习思维。

合情推理的特征体现在：主动性、情感性、目标不确定性、理由不充分性。

在数学当中，合情推理方法多种多样，应用最为频繁与广泛的是类比推理与归纳推理，下面将简要就这两种推理方法进行说明。

（二）类比推理

1.类比的意义

类比推理是结合不同对象某些方面的相同或相似之处，推导猜想彼此其他方面可能存在的相同或相似的思维形式。类比推理属于从特殊到特殊的一种推理方法。波利亚在对类比推理进行论述时，尤其注重对对比与类比这二者的区分进行说明：对比是比较某种类型相似性，也就是某些方面的一致性，有模糊性的特征；类比是将相似之处转化成明确概念。

在数学发展进程当中，大量的数学家均从类比推理中获得了丰富的营养，他们的很多重大发明与发现都是借助类比方法而获得的。开普勒就曾经对类比进行了高度赞赏，他将类比当作自身最信任的老师，因为类比可以揭露自然秘密，能够让几何学研究更加顺畅。类比推理结论的正确性是不确定的，但类比推理产生的作用和发挥的功能远大于缺陷。

2.类比的类型及在数学教学中的作用

类比推理能够带给人深刻的思维启迪，而这样的启示作用有着极大的能量。类比推理在数学教学中应用非常频繁。

（1）类比类型。①简单共存类比；②因果类比；③对称类比；④协变类比；⑤综合类比。

数学当中应用比较广泛的类比体现在：低维与高维类比；数与形类比；有限与无限类比；微分法与限差分法类比等。

（2）类比在数学中的作用。①提出新问题，获取新发现。类比能够激发与锻炼学生的联想能力，促使学生掌握发现问题的技巧，增强学生的洞察能力。②可用来检验猜想。即对一般性的猜想，可以由特例的结论给予反驳。换句话说，对"个别"情形不成立的结论，"一般"也不成立。

（三）归纳推理

归纳推理属于认知事物最为基础的方法。举一个非常简单的例子：人们抬头看到某只黑色乌鸦，之后又看到一只黑色乌鸦；小孩看到的乌鸦是黑色，大人看到的乌鸦也是黑色；中国人看到乌鸦是黑色，外国的乌鸦也是黑色，之后，人们通过归纳的方法获得天下乌鸦一般黑的结论。这个过程就是归纳推理过程。合情推理体系当中的归纳属于不完全归纳，是从特殊到一般、从经验到事实的一种真理探寻方法。

运用归纳推理能够从个别事实当中窥见真理端倪，在得到启迪之后，给出假设与猜想。因此，合情推理当中归纳推理是数学发现的重要方法。

1.归纳推理的意义

归纳推理获取的判断有真有假，其真假性是需要进一步证明的。单纯依靠观察获取的经验，是不可以成为充分证明必然性的。尽管这样，归纳推理在人们认识与发现真理方面发挥着至关重要的作用。

人们要认识数学这门科学，先要借助观察，依靠直觉归纳与机动灵活的判断，获取有关数量关系与图形性质的感性认知，接下来朝着理性认识转化。如何实现感性到理性认知的飞跃？归纳概括是这个飞跃必须要经历的一个步骤。利用归纳与概括获得判断的整个过程，我们就称其为归纳推理。假如得到的判断被证明和检验的话，那就变成了正确命题。所以，归纳推理是科学进步必不可少的环节与策略，数学当中绝大部分正确的内容都经历了数学家归纳推理，一直到证明的过程。就拿牛顿来说，他获取的丰硕科学成果有很大部分是将特殊事实作为出发点，历经归纳推理，提出猜测或结论，之后引出一般和广泛结论，进而为科学进步提供动力。

在数学学习与研究活动当中，应该从特殊、个别和局部事实的角度出发，探索归纳一般性规律，之后再完成证明和检验操作。所以，在掌握观察实验的同时，还必须把握归纳方法，只有这样才可以为学好数学打下基础，而且促使学生应用经验归纳方法，能够助力学生创新思维的培养。

2.归纳推理的类型

将考查对象是不是具备全面性作为分类根据，我们可以把归纳法划分成以下两个类型。

（1）完全归纳法。该方法是结合对某一类事物所有对象考查，发现它们均具有同一属性，进而获取此类事物都具这一属性的一般结论的归纳推理方法。具体又可以将其分成穷举法、类分法与数学归纳法这几类。

（2）不完全归纳法。该方法是结合对某类事物部分考查获得的此类事物具备这一属性的一般性结论的推理方法。具体可以将其分成枚举归纳法与因果关系归纳法。

3.归纳推理在数学教学中的应用

在数学教育以及学生学习数学知识的环节，不完全归纳法常常应用在发现猜测问题答案与发现猜测解决问题路径这两个方面。众所周知，完全归纳法通常在证明当中应用。

（1）用归纳法发现问题的答案（结论）

就数学问题而言，用不完全归纳法能够从特殊事实当中猜测可能的一般结论，这样的归纳方法有着抽象概括的作用，能够指引人们发现问题结论。

在几何学领域当中，获得两点间线段最短的结论实际上是亿次、亿万次经验归纳获得的；正方形边长和对角线长度之比是方五斜七，是木工归纳获得的经验结论；矩形、圆形面积计算公式，在最初是人们在实践经验当中归纳总结而来的。

当然，用不完全归纳法进行合情推理，获得的结论有可能在最终逻辑论证之时被认定是错误的。不过站在数学教育层面上分析，学生利用合情推理得到的结论，即使被认定是错误的，学生在整个过程当中也获得了体验，经历了探究过程，对于他们的学习和素质培养来说是很有益处的。

（2）用归纳法发现解题途径，为获得理性认识指引道路

利用归纳法能够从处理特殊问题的方法与思路当中归纳概括一般问题的处理方法或思路。费马数 $F(n)=2^{2^n}+1$，经过归纳获得的结论是 $F(n)$ 是素数，后来被欧拉证明是错误的，但是费马数的形式结构有效启发了数学家高斯，使他得到了正十七边形作图方法。

在数学几何教学环节，添加辅助线始终是解题重点与难点，有部分学生得到两圆相切公切线、两圆相交公共弦等方面的结论均属于归纳产物。事实上，添加辅助线只是绝大部分情况之下有效，并不是在所有的证明当中都是有效的。由此观之，归纳出现的认知判断并非一定是准确的，究竟是否准确需要利用理论或实践予以确定。

合情推理当中的归纳推理之所以合情，是因为矛盾一般性寓于特殊性中。利用探索特例获取一般问题的解答方法是探索发现数学方法的一个有效路径。在合情推理体系当中，类比和归纳推理的差别是显而易见的。归纳推理是由特殊到一般，我们可以称其为纵向思维，类比推理可以被称作横向思维。在解决实际数学问题的过程中，这两个推理方法有着相辅相成的关系，彼此配合互相利用。由于二者的配合利用，借助联想、推广、猜想等方法能够探索获得问题结论或解题路径，得到创新成果，因而创新思维的形成要有合情推理诸多方法的配合。

三、数学猜想及其教育价值

数学猜想是人们结合已有知识与事实，对数学中的某些理论方法等给出猜测性判断。因为这样的猜想判断活动不存在严谨性理论根据作为基础，所以在真伪性方面也是无法进行评判的。尽管是这样，数学规律发现证明法的获取通常需要经历不够严格的一个探索过程，而且这个过程对于学生学习数学知识来说是至关重要的。但正如高斯所说的，在大厦建设完成之后，应该拆除脚手架，也就是说发现证明思路是大厦的脚手架，将其拆除，将证明当中的思想方法当作图纸收入档案或者是全部抛弃，让结论这座大厦展现在我们面前。在这一节，我们探索的是怎样找到大厦建筑图纸，怎样恢复大厦脚手架，将凝固的东西融化，发现数学家探究的痕迹，找到数学规律发现的证明方法，进而让学生分析与解决问题的能力得到锻炼。

数学猜想是借助合情推理法对数学的探索与研究，是数学发现发展的重要方法。数学猜想引领着数学进步方向，因为数学猜想是在未知领域获得的判断，所以数学猜想是创造性思维的一种表现形式。很多数学家也特别表示，假如不存在大胆的数学猜测，那么就不会有伟大的数学发现。

掌握数学猜想形成方法，分析猜想特征，学习数学猜想当中提出与解决问题的思维策略，在学生学习数学以及推进数学教育方面的作用非常显著。

（一）提出数学猜想的途径与方法

要想提出数学猜想可以有很多不同的方法和途径，下面将对几个主要方法路径进行介绍，为学生主动地进行数学猜想奠定思维基础。

1. 由直观的、简单的事实产生数学猜想

数学和现实世界存在着非常紧密而又广泛的关联，很多数学问题实际上就直接来自于我们的周围生活，与此同时，复杂性常寓于简单性中。在一定情形之下，数学猜想有的时候能够从生活中的问题引发，假如可以找到简单问题的本质，那么通常就可以获得极具价值的数学猜想，获得意想不到的收获。

2. 由归纳提出数学猜想

从某类对象中很多个别对象的属性出发，利用矛盾普遍性与特殊性的原理，猜想着某类对象全体都具备这样的属性。此时不完全归纳法思维成了创造新思维至关重要的一步。事实上，许多数学基本概念和方法的建立、许多重要问题的发现和解决、许多研究成果的获得都是首先由特殊事例归纳概括，并进行数学猜想之后获得的。

3. 由类比产生的数学猜想

类比是促进数学猜想出现的一个至关重要的路径，很多数学家就是运用类比方法收获灵感、直觉，从而提出数学猜想的。很多的自然现象间有着诸多相似点，这让我们的类比方法有了用武之地，能够运用类比分析策略解决很多不同，但却存在一定相似性的问题。学习并且把握类比方法，对于从一个数学体系过渡到另一个体系、对于新体系的探究、对于新结果的预测猜想都有着极为重要的价值。比方说，在自然数的理论体系当中，最大公约数、最小公倍数等均是其中的重要定理，而在多项式当中，存在着最高公因式、最低公倍式等定理。自然数理论与多项式理论在证明法、逻辑结构等诸多领域都有很多显著的相似点，所以我们能够将整数性质类推到多项式性质，完成类比性的数学猜想。

类比法实际上是异中求同，体现着差异当中的统一性，假如不存在差异的话，那么类比也将不具备意义。这里所说的同，并非是绝对意义上的相同，不然类比就不再是新颖，也不再具备推广价值了。所以，类比是求同存异，在探索新知和获取新结论方面益处多多。

4. 由数学理论引出的猜想

数学理论是人们结合实际，从数学逻辑结构中进行延伸获取的，事实上是运用确切方法对数学规律的概述。在庞大的数学理论体系当中，有些理论能够引人猜想。实际上，有很多数学家利用数学理论引发猜想，而这些猜想有很多被证明是正确的。由此观之，数学这一工具带有科学预见性的特征。

（二）数学猜想的特征

数学猜想是将少部分数学知识作为根基，提出规律、方法等的一种猜测，其特点主要体现在以下两个方面：

1. 待定性（可研究性）

因为数学猜想属于假定，没有获得数学理论证实，所以数学猜想究竟是真是假还是有待探讨的。换言之，数学猜想让人们拥有了研究方向，也促进了数学的持续性进步。

在 1900 年的巴黎国际数学家大会上，德国数学家希尔伯特提出 23 个问题，而在 20 多个问题当中，有一部分是以猜想形式提出的。而他在大会上提出的问题，对 20 世纪数学发展与进步的影响非常深远。

"四色猜想"在 1976 年被计算机验证，不过数学界还没有广泛接纳这样的猜想，还需对其进行进一步的证明；

"费马大定理"在 1994 年被数学家维尔斯证实；

"费马小定理"由数学家欧拉推翻；

"哥德巴赫猜想""黎曼猜想"到目前为止还是待定的，没有被证明是错误或是正确；

"庞加莱猜想"在 2006 年 6 月由中山大学朱熹平教授和旅美数学家、清华大学兼职教授曹怀东彻底证明。

2.创新性

数学概念、理论等内容均是明确性的逻辑结构，能够被人学习以及推广应用。不过数学猜想是数学形式，有些猜想在表述上是正确的，但属于数学理论潜在的形式，所以我们认为其具备明显的创新性特征。

数学猜想在思维角度上的创新通常体现在提出新质疑、发现新规律、创立新方法等。总之，数学猜想体现出的是人们对一般性的极高洞察能力。

哥德巴赫猜想到目前为止还未解决，不过这一猜想的研究过程让数学研究当中产生了很多新的思想理论与方法，让数学这门学科变得更加完善。

费马大定理被证明是 20 世纪末期非常重要的一项成果，而我们也可以想象其艰辛程度，因为这个猜想是 17 世纪提出的，经历三个世纪之后，到了 20 世纪才真正将其证明。在创新层面上进行分析，费马大定理证明的价值不单单体现在这个引人重视的猜想的证明，更为关键的是猜想进程当中的思想方法，推动了数论学科的丰富与完善，甚至对整个数学学科的进步起到了极大的促进作用。

不管是提出数学猜想，还是证明猜想，都要有创新思维作为根本动力，所以创新思维是数学学科的一个灵魂。

（三）数学猜想的教育价值

数学猜想是数学研究成果，更是一种重要的研究方法，不单单促进了数学进步，还让数学教育获得了长效发展。之所以得到这样的认识，是由于数学是特殊的逻辑体系，数学方法是理论系统当中不可或缺的组成部分，是数学学习领域不可缺少的组成元素。

基础数学教育不可以接触数学前沿的诸多猜想，但对基础教育这样特定阶段的数学活动，数学猜想的作用是不可小觑的。主要体现在利用已经掌握了的数学知识方法促使学生主动投入数学实践活动，加深数学理解，自主探究，解决实际问题的策略。在上述活动当中，能够让学生分析与解决实际问题的能力得到锻炼，让学生的洞察力得到极大的发展。

1.数学猜想有利于学生参与数学活动

在基础数学教育这一重要阶段，激励学生加强对自身所获知识的应用，主动猜想数学问题可能的概念或新命题、猜想问题结论、解决方法等活动可以让学生的好奇心被充分调动起来，使得他们愿意更加深入地探索数学的奥秘。

按照现代教育理论的说法，学习过程当中需要重视智力与非智力因素，实现二者的有效整合。数学学习中的非智力因素有兴趣爱好、意志力、学习态度等诸多内容，这些在学生的学习质量与水平提升方面发挥的作用是非常显著的。这些非智力因素发挥作用，会让学生的学习内驱力得到增强，为学生投入学习活动提供动力源泉，并对学生智力因素进行合理化调节和优化。从这个层面上看，利用数学猜想方法激励学生主动探索和获取个性化的理解与认识，在学习当中养成主动猜测的习惯，可以让学生的兴趣得到调动与激发。显而易见的是，浓厚兴趣与积极情感会让学生学习参与热情大幅提升。

2.数学猜想有利于学生理解数学

从广义角度上分析，不管是哪个数学定理在被证明前均是猜想。数学家波利亚特别提倡在数学教育中要教猜想，也教证明。引导学生猜测解题方法与命题形式，猜测可能是怎样的，猜想会是什么样子，哪个方式方法会让问题更加简便地解决，猜测性的学习活动需要学生确定原有方式方法、命题结构与方法行事，因为激励学生大胆提出数学猜想，能够帮助学生构建个性化理解，让学生亲身经历知识过程，让学生从结果式学习状态转化成为过程式学习状态，让学生的自主能力得到锻炼，也增强学生对数学内容的理解深度，提高学生的学习效率。

激励学生开展猜想性的学习活动，能够作为培育学生自学能力的策略。一个学生是独立以及差异化的个体，虽然他们的能力层次以及理解水平各不相同，但是利用猜测性学习方法可以让他们在各自领域获得有效提升，在最近发展区当中收获自己的一份硕果。

3.数学猜想有利于学生自主解决问题

随着教育现代化改革工作的全面实施，现代教育要求教师要为学生的成长与发展负责。从这一要求出发，引导学生猜想性学习，实际上就是要让学生在理解数学基础知识与方法的前提条件之下，得到自己对问题解决的一种猜想。而猜想的可以是要应用怎样的公式、方法，也可以是猜测可能获得的结果。这样的学习过程不再是机械性与被动性的过程，而是基于学生自我发展和自主能力的实践过程。

数学猜想可以让学生将动手和动脑进行整合，让学生发挥自身主观能动性，竭尽所能地参与和解决实际问题。这样独立性的学习活动，会让学生对数学的认识更为深入，也可以提高学生自己对数学概念、方法以及命题的认知水平。

不管是从激发学习兴趣、培养学习能力的层面出发，还是从调动学生内在潜能的视角考虑，引导学生采用猜想新的数学学习方法都会让学生受益匪浅，同时也会让数学教学更加富有生机。

四、思想实验与数学教学

数学是一门思维科学，应用非常广泛的策略就是思想实验。思想实验是一种复杂性强的思维运动，其根据是真实实验格式，利用创造假想主体干预动态改变的假想客体形象，进而发现事物内在规律。

从结构上看，思想实验和真实意义上的实验拥有共同的结构，前者是以后者结构为根基的，利用假想客体的动态改变，用推理法进行阐述，整个构思过程存在着想象和逻辑的对立统一关系。比方说，欧拉定理 $V-E+F=2$，假设多面体是空的，接下来去掉一个面，把剩下的每个面平铺在平面上，这个过程与评出结果是思想事物，之后利用思想实验的方式完成推理以及证明。

假如思想实验存在冲突矛盾，就证明猜测命题是错误的。假如思想实验不存在任何的矛盾冲突，那么判断才有可能变为现实。这样的思维在数学教学中的价值是非常突出的。

（一）思想实验是一种理性的思维方式

很多事在处理前，通常会开展可行性的论证分析，也就是在单纯理论情形之下，站在理论视角上确定是不是可行的，而这样的实验往往是在思维领域当中开展的，体现的是实验者的思想性。因此，我们将其命名为思想实验。现如今，数学当中有很多思想实验，常常会与计算机实验协同推进。

（二）思想实验的特征

1. 思想实验的目的性

人们利用思想实验探寻自己觉得具备价值的信息。思想实验并非是随意或者盲目性的，会受研究任务与目标的制约。为保证自身的任务顺利地完成，必须有计划和带有目的地投入未知事件，展开有意义的探究，整个过程是动态化的思维过程。

2.思想实验的理性特征

思想实验的理性特征，在思维抽象性与深刻性方面有着直接体现。思想实验是针对思想事物的实验活动，而思想事物已脱离事物具象，抽象成具体事物的本质属性，深入理解与把握对象本质，人为性地构建，有助于思想实验环境的开展，通常能够做到现实实践当中不能够实现的很多操作。

实际上，计算机的五次革命均是数学领头的。其中图灵对计算问题的逻辑描述，就属于极具代表性的思想实验。由此观之，思想实验首先是实验，整个操作是利用思维活动开展的，其特征是把具体实验抽象以及理想化。思想实验将逻辑和谐与能够构造性当作检验标准，和一般实验相比，客观存在不会受到具体条件制约，只要"理论上"办得到（或假设能办到）即可，因此，这种实验不要求什么实验设备，不承担任何风险，经济实惠。

3.思想实验的理想化特征

思想实验是在理想化与纯粹条件之下开展的理论研究与计算。思想实验要有合理化设计，要有丰富想象力，是思维创新的结果。

数学模型法为思想实验的推进提供了重要载体，思想实验是依照实验目的，结合研究对象的活动本质，在理想化条件之下实现对对象或其本质的理性再现，在一定意义上实现感性到理性认知的转化。

和观察实验相比，思想实验是深刻而有力的，是能够重复开展或多次再现对象的，能够实现反复多次观察，能够让人的主观能动性得到有效发挥。

（三）思想实验与数学教学

无论是数学教育还是学习，思想实验是非常广泛的，也是教学实践当中不可缺少的一部分。

思想实验能够让我们找到解题思路。思想实验是学生感兴趣的数学方法。假如在课堂教学中，教师结合教育内容设计思想实验的话，能够激发学生的好奇心与求知欲。

要想让学生在学习数学的过程当中掌握思想实验方法，教师需要从实际出发，为学生创造诸多良好的保障条件，尤其是要设置合理化的教学情境，引领学生探索新规律，找到新问题，创造新方法，促使学生把握科学策略，同时推动学生创新思维与创造力的提升。

就目前而言，数学实验已经成为很多高校数学课程体系当中的组成部分，事实上其属于思想实验。同时在思想实验的过程当中，还要加强对计算机的应用。

数学实验的意义主要有以下几个方面的体现：

（1）对数学的追求不单单局限在证明上，寻求的是理解。有理由相信，一系列图片能够与一系列的"等式"具有相同说服力。

（2）注重发现以及大胆地创造。将计算机作为重要载体开展实验活动，可以切实体现数学本质是思想的自由，不让智慧受严格化的束缚，让学生的创新力以及创造性思维得到充分的锻炼。

（3）追求解决问题的数学精神。数学实验供给了数学工具，让人们能够更加科学有效地处理复杂无序的对象，让自然科学到达更高的发展水平。

（4）能够发展求实精神。数学实验特别重视精密性的图像，能够让数学当中的诸多内容以及思想实验被证实。

伴随数学实验的进步，未来数学很有可能会划分成理论与数学实验两个部分，假如不能达到这样的程度的话，至少在部分数学研究当中数学实验不可或缺。

五、演绎推理与数学教学

数学提倡的是理性化思维，特别要求把握严谨性与抽象性特征。严谨性强调的是：数学中所有结论只有经历具备价值的演绎推理证明后才可以被认定为正确。数学结论只有是与非之说，要说是的话，就一定要证明，要说非的话，也一定要列举出反例。这决定了数学思维与其他科学的思维是不同的。数学家海姆曾经在《实验和猜想是不够的》当中说了这样的一个笑话：在物理学家看来，奇数可以和素数画等号，他们之所以得到这样的结论，其根据是 3，5，7，9，11 都是素数。当然，数学家并不会是这样，这话有些言过其实，事实上这个事例只是形象直观地点明数学家和思想家在思维方面的本质差异。有些人认为，哥德巴赫猜想不必猜，其理由是用计算机进行过验算，每个大于或等于 6 的偶数都能够表示成两素数的和，有些时候表达式并非是唯一的，通常情况下随着偶数的增大，表达式数量也会增多。假如依照他的思维方法进行思考的话，获得的结论肯定是正确的，假如不正确，是否可以举出反例？不过数学家不会这样思考。事实上，在提出了哥德巴赫猜想之后，很多人都对其进行了验证。数学家觉得正因为找不到反例，所以才要证明猜想是正确的，而且在猜想证明的过程当中还可以推动数学发展。

在数学当中，利用合情推理获得的猜想是真理露出端倪的表现，表明我们在真理前进的道路上更进一步。假如不存在证明的话，那么人通常不会相信给他判断的真假。所以，数学作为理性思维方法，证明乃是数学灵魂之所在，正是通过证明的方式得到结果和猜想相同才会让人信服。

（一）演绎推理——数学的论证方法

什么是演绎推理？在人们得到一般原理后，以该原理为导向，对还没有研究或深入研究的包含其中个别特殊命题开展研究，找到特殊本质，用一般原理推导特殊知识思维就可以被称作演绎推理。演绎推理的前提条件是某类事物的一般判断。运用演绎推理解决问题的方法，称为演绎法。

演绎法能够判断想法是不是正确的，或者判断至少在怎样的条件支持之下才能够是正确的。数学提倡的是对理性精神的追逐，而这样的理性精神也是人类进化非常明显的一个体现，是文明的表现。

1.数学证明思想的形成

数学证明思想究竟是如何形成的？要回答这个问题，需要从欧几里得几何公理体系说起。该体系是从尽可能少不定义概念与自明公理出发，推导尽可能多的定理，将其变成具有严密逻辑的科学体系。欧几里得创立的方法是几千年来数学科学发展始终遵照的研究范式。

在整个数学发展历史当中，泰勒斯首创性地把直观几何转化成实验几何。传说他运用的手段是实验。在他之后，柏拉图是最早设计演绎证明的人。从柏拉图时代开始，在数学领域就要求结合公认原则给出演绎性证明，这样的影响是持续性的，现如今仍然是这样。亚里士多德把推理形式进行了规范化，其最为显著的贡献就是最早将推理当作研究对象，并在此基础之上构建了形式逻辑核心与三段论。三段论包括三个部分，分别是大、小前提以及结论。三段论基本模式是：

$$大前提：一切\ M\ 都是\ P$$
$$小前提：S\ 是\ M$$
$$结论：S\ 是\ P$$

其中，P 称为大项，M 称为中项，S 称为小项。在这里，大项包含中项，中项包含小项，中项是媒介，在结论中消失了。

关于三段论，用集合论的观点，就是集合 M 的所有元素都具有性质 P，S 是 M 的子集，则 S 中的所有元素也都具有性质 P。

因为演绎推理特殊结论涵盖在一般原理中，所以其前提与结论间有着必然关联。假如前提条件是正确的，推理与逻辑将符合，最终获得的也一定是正确的结论。演绎推理属于必然推理，在逻辑论证当中有着极大的应用价值，是数学证明当中运用广泛的推理法。三段论的提出促进了演绎推理的标准化。

亚里士多德曾经设想将某些不可证明必然性作为出发点，将三段论作为推理工具，推出全部定理。不过最终他的设想并没有成为现实，但欧几里得却做到了，他在前人研究的基础上创编了利用演绎法叙述数学的著作，也就是《原本》。2000多年以来，这部数学的经典著作成了利用严格逻辑推理叙述科学的经典。

2.证明的规则

在演绎推理进程当中，首先要达到的标准就是推理过程准确，怎么样才能够推理过程准确呢？事实上，推理过程准确的直接表现就是推理依照规则开展。

什么规则呢？三段论中，大前提、小前提、结论三部分要满足下面几个规则才能保证过程准确：

（1）两个否定前提不能推出任何结论；

（2）两个肯定前提不能推出否定结论；

（3）如果一个前提是否定的，那么结论也是否定的；

（4）如果结论是否定的，那么应该有一个前提是否定的。

（二）证明的作用与方法

1.证明的作用

数学当中的证明属于严谨规范演绎证明，遵照的是数学定理与形式逻辑给出的规则，而这也淋漓尽致地展现出理性思维方法的巨大能量以及显著价值。数学证明的意义有以下几个表现：第一，能够确保命题正确，让理论不败。第二，展示定理间的内在关联，让数学成为严密系统，并为数学的健全发展奠定坚实根基。第三，让数学命题具备强大的说服力，让人们对此深信不疑。

2.证明的方法

证明有两种情况，一种是证实，另外一种是证伪。前者是确定判断是正确的，而后者则证明判断是不正确的。在很多情况下，我们常常会把证实称作证明，把证伪称作反驳，在反驳的时候，通常仅需一个反例就能够完成。

数学证明会把公理作为根本出发点，开展演绎推理性的活动，进而保证目标的达成。让原本利用蛮力无法有效验证，或者没有验证可能性的数学命题，能够在这样思维艺术的支持之下顺利完成，这可谓证明的巨大力量与无限魅力。在学习数学的生涯当中，思维是核心，而证明则是其中的灵魂。假如数学教学当中不提及数学证明内容的话，那么我们就认为这个教学是缺少灵魂的。但是学好证明并不是容易的，通常要利用发展概念与技巧的创新才有可能将理想转变成为现实。

（三）数学证明与数学教学

在数学教学环节存在着一种非常普遍的倾向，在谈及素质时，就会提到观察与猜想。确实，在教学中教授猜想是非常必要的，但是把关注点放在猜想方面，常常会忽略数学证明这个灵魂，假如数学不存在灵魂的话，那么教学价值也将不复存在。所以，我们一定要认清数学证明的作用与价值，明确其在数学教学当中不可替代的地位。

我国有名的数学教育家、几何学家朱德祥对于数学证明有很多独到的见解，他表示，学校将数学教育作为学科系统当中的基础和重点，不应该只是停留在教授数学知识层面，应该将知识的教学当作载体，关注学生数学能力的培养。从整体的角度上看，对学生进行数学证明教学，有助于达成这样的目标，让学生的问题发现与解决能力得到充分锻炼。在我国的数学教育当中，存在着一个优良传统，该传统就是对学生进行逻辑思维的塑造。很多人会觉得这样的教学会忽视问题分析与解决能力培养，事实上，当学生拥有了坚实的逻辑思维之后，还可以从众多现成数学素材当中利用准确推理判断，完成再加工与再认知；能够在形式角度上对命题的真伪进行鉴别，不必利用具体实验的方法劳心费神；能够让思维更加严谨，实现条理清晰以及和谐准确的缜密思索。所以，数学证明教学除了有助于培养学生数学思维之外，还能够对学生分析与解决实际问题的能力进行锻炼，实现双赢。

数学学科有着很强的抽象性特征，需要有严谨缜密的推理，可以实现多领域的普及应用。在一个完整的数学体系当中，只有把公理作为出发点证明了的命题、公式、法则等才能够被称作是正确的，依靠实验获得的结论都需要进行进一步的证明。这和直接针对研究对象开展实验的物理、化学等学科在本质上是有很大差异的。在数学研究当中必须要用演绎推理的方法，才可以确保数学研究的准确。在众多的学科当中，数学可以被称作展现逻辑最为彻底的学科。

学生在数学学习当中，需要将精力放在掌握数学证明能力方面，以便不断完善逻辑思维，将数学变成常识。

在一般数学论证环节，通常不会特别要求要用三段论式的演绎推理方法，不过我们也一定要清楚，演绎法必须严格遵守三段论式规则，否则无法保证演绎推理的科学性与准确性。

在对演绎法进行实践运用时，要注意以下几个问题：

第一，把握演绎法形式化特征。在利用演绎法的过程中，针对数学命题、符号等内容一定要站在形式化的角度上理解其内涵，这样才算是深层次理解了数学内容间存在的关联，才可以利用演绎法完成表述，不然就会让演绎法的应用出现失误和错误。

第二，演绎法必须严格遵照并且落实形式化规则。尽管在具体的论证环节，通常能够省略一些步骤，不过一定要注意每步推理、运算的前提条件是什么，不然极有可能发生逻辑或方法领域的混乱问题。

第三，在运用形式化演绎法时，需要特别关注前提条件的含义，假如只把侧重点放在演绎推理方面的话，也很有可能获得失误结论。

在有些方程的求解环节，人们常常利用多元化的变形化简方程，站在数学推理论证形式的角度完成研究，假如运用的是同解变形，其实也可以当作演绎法的应用。正是因为前提条件上存在差异，才促使我们获取了最后结论。站在推理论证的角度上看，我们可以认定这样的变换同样也是三段论式演绎法当中获取的。

在数学命题论证过程中，我们常常不会将三段论形式显而易见地进行呈现，反而是自觉依照形式化演绎法行事。演绎推理是数学证明不可或缺的手段，同时还在教学环节渗透全程，但非演绎思想在学生问题分析与解决能力的培养方面也有着非常显著的作用。我们常常在数学教学中要求教授证明和猜想，要求将演绎与非演绎思想进行整合。换句话说，在具体的教学环节，演绎法和合情推理法、分析法和综合法、直接与间接证明法都不能够只是特别强调其中的一方面，另一方面也必须关注到。不过可以从教学实际出发，在尊重学生认知和学习规律的前提条件下确定应该凸显出哪一面。

数学证明在数学教学当中有着非常突出的价值，而这个价值不单单体现在可以判断命题真伪方面，还在于能够启迪学生，促使学生深化命题认知，甚至是指导学生命题发现。非欧几何的产生就是一个鲜明的例子。

从教育价值上看，数学证明的价值主要体现在以下几个方面：

（1）有助于引导学生掌握证明方法，增强学生对于数学概念与命题的认识，锻炼学生的理解能力。

（2）有利于促使学生将获得的数学知识构建成逻辑网，让学生将数学知识理解升华到结构性理解的层次与境界。

（3）有利于培养学生理性精神，引导学生加强理性化思考。

（4）有助于增强学生对数学本质与特点的认识，促使学生更加全面地把握数学的整体作用等。

合情推理是发现猜想数学命题、探寻证明法的根本手段。演绎推理是确认真理的主要选择。事实上，我们不应将二者对立起来看待，应该切切实实地认识到不管选用怎样的归纳法，都永远不可能将归纳过程弄清楚。只有对过程进行分析才可以做到，也就是归纳的演绎。就像是分析与综合一般，存在着必然性的关联，不应该牺牲一个而凸显另一个。应该将每一个都用到特定的地方，要真正做到的话，就必须要注意彼此的关系，并实现它们的互相补充。

综上所述，数学教学应遵循：现实是源泉，兴趣引入门，思维是核心，证明是灵魂！这对我们全面、准确地在教学环节落实创新教育、推动数学教学改革进步是非常关键的。

第三节　数学方法论与数学教学原则

一、返璞归真原则

返璞归真是一项重要的教学原则，该原则的内涵是在教学环节回归数学形式的现实起源以及历史起源，在遵照数学发展规律的前提条件之下推进教学实施。

（一）学习"形式化"的数学需要返璞归真

数学是一门具有形式化特征的学科，在表现上尤为抽象，常常让人觉得数学带着一个冰冷面具。在数学产生与发展的整个进程当中，数学活动并不是冰冷的，反而是活泼而又生动的。在具体的教学环节，常常会显现出这样的现象：运用照本宣科的方法，难以保证教学成功；深层次剖析教学内容，真正做到吃透内容，改革教学方法，才可以获得理想的教学效果。数学教材当中的数学内容通常是形式化特征鲜明的概括表述内容，而冰冷主要体现在数学形式化链条逐字逐词地印在书本上。假如数学教师创造性地恢复，或者是模拟数学家发明创新的情感，促进学术形态到教育形态的转化，让学生可以看到数学魅力，自然可以促使学生主动投入到多彩的数学活动中，激发学生的热情，让学生可以领悟数学本源，让学生通过手脑结合以及互动探讨的方式，亲身经历知识的发生发展过程，体悟探究创新的曲折以及甘苦，从中掌握数学知识技能，获取数学思想方法，切实提高相关的修养及品质，则教学效果将会大不相同。

按照传统教育观的说法，数学知识是用数学术语或公式进行描述的系统性知识，形态上只有陈述性和程序性的特点，这是其"显性"特征。数学方法论引导下的教学将数学当作一个数学化过程，整个过程很难或者无法利用语言、文字、符号的方式完成表述，是只能意会不能言传的个性化知识，这样的知识有个性化色彩，是隐性知识。

事实上，数学从最后确定结果的角度上看，属于显性知识，拥有显形态；但是如果站在形成过程的角度上看，则有隐形态。数学知识显形态属于静态化知识，本质上是公开性与社会性的。数学知识隐形态属于动态的知识，本质上具有个性化与潜在性特征。显性知识的发明发现乃至于创造都必须依靠过程，也就是需要隐形态作为有力支撑。但是想要对隐形态进行表达沟通的话，就需要将其转化成显形态。隐形态数学知识实际上是知识形成过程中的数学意识和数学思考，对个人的数学学习起着支配作用，也是学生获取知识的重要向导。

如果将两种形态的数学知识进行对比分析的话，隐形态和人的思想观念与实际活动的亲和性强，因为其融入学生的个体学习场景当中，融入了学生个性化的心理体验，同时还渗透着不可言说或者潜在层面的个性化理解。对于广大学生而言，是生机勃勃而又亲切温暖的。显形态虽然在一定程度上偏离了人的思想观念与活动，但是因为拥有社会化与公开性的特征，更加方便实现沟通与表达。

教师对教育教学技巧进行优化，把握好教学艺术，带领学生利用数学活动的方法抓住数学本质，让学生手脑并用亲身体验知识的生成发展过程，获得个性化知识与思想，进而转化成社会化数学，就是返璞归真原则的真谛。

返璞归真这一教学原则，可派生出以下两条原则。

1.抽象与具体相结合原则

数学本身就带有明显的抽象性特征，数学研究对象是抽象化的思维事物。对学生进行抽象思维的培养是数学教学的一个重要任务，从具体到抽象是认识遵循的基础，更是教学一定要落实和遵照的规律。

数学抽象还有层次化特征。在教学环节，教师需要将抽象思维和直观的教学实践活动进行高度融合，让学生在直观生动的情境当中把握抽象知识，进而让学生的抽象能力得到锻炼，实现真正意义上的返璞归真。

2.数学知识形态转化原则

就数学而言，数学知识存在着两种类型的形态，分别是学术形态和教育形态。前者包含的是数学家多年以来的数学研究成果，在报刊上发表的凝练形式。后者包含的是数学教学当中数学知识经过教学加工之后展现出来的形态。二者存在诸多一致性，能够实现彼此的转化，但因为两种形态适用的是差异化需求，所以从教育观点方面上分析有着显著的差别。把它们的差异进行总结，主要有过程有无、表述顺序、语言详略等方面的不同。究其根本，就是死和活的不同。学术形态是已然完成了的，通常是和人的思考顺序与表述方法对立着的，运用了很多数学符号，是一种复杂性和综合性的符号组合，难度很大，因而给学生的学习带来了诸多阻碍。教育形态的数学如同行云流水一般，是非常理想而又通顺的一种形式，形象真实的讲解是将发现发展的过程呈现给学生，这些知识是鲜活而又富有趣味的，是带有生活气息与人情味的，所以会让学生觉得特别亲近，也是他们吸收其中精华的最为合理有效的形式。与此同时，数学教育形态是对数学过程、动态、归纳面的补充强调。在某些方面，学术形态的数学也有很大的优势，为了实现更深入的研究和更广泛的应用，能读会"啃"，学会转化也是必要的。

数学学术形态转化成教育形态是数学教师开展教学的必经之路，更是返璞归真原则的体现，需要教师优化教学设计，在转化方面投入更多的精力。

（二）充分发挥数学的教育功能需要返璞归真

相信有许多人都拥有这样的体验，之前学过的数学知识，假如在今后的工作学习当中不会对其进行直接应用的话，过一段时间就会完全遗忘。但是不管从事的是怎样的工作，那些在大脑当中印象深刻的数学精神、数学思想方法、研究方法，甚至是学习过程当中历经的失败和挫折却能够深植于每个人的内心，并让人一生受益。让人一生受益的这些内容，不可以说没有知识传授工具存在，不过更多的是学生在学习过程当中体验、感悟与反思之后的一种境界提高以及知识升华，也能够称作学生在数学活动中所获隐性知识的内化升华。所以，我们与其把数学隐形态知识称作知识，还不如将其称作数学素养，是学生个体在数学活动当中收获的带有个性化特点的能力与理念。而在能力和理念当中，涵盖着合情推理能力、洞察能力与元认知能力等诸多内容。

数学隐性知识产生要经历非常复杂的过程，而在这个领域也有必要展开专门的研究。尽管如此，其中有两个方面是能够肯定的：第一，必须是学生个体参与数学学习活动，他人不能代替。怎样才能让学生主动积极地参与其中呢？这需要教师科学恰当地做好教学设计工作。第二，必须是历经长时间的积累，而在这个积累的过程当中，有循序渐进，也有飞跃迁移。这要求教师提高教学引导工作的持续性和长期性，为学生提供良好的学习平台。

假如我们非常形象地将数学知识显形态当作钓到的鱼，那么数学知识隐形态就可以称作钓鱼中失败和成功的体验，因为这一活动是对生活习性与活动规律的掌握。假如数学家研究数学的主要原因是想要钓更多的鱼，学生学习数学需要将关注点放在对钓鱼方法的掌握上。返璞归真原则就是为学生提供获得钓鱼方法和机会的一个过程，因此该原则的贯彻落实能够展示数学教育功能，让数学教学活动实现授人以鱼与授人以渔。

二、"教猜想，教证明"并重的原则

严谨性是数学另一个非常显著的特点。所以，传统教学观要求学生言必有理和推必有据。不过严谨性并非数学的全部。按照科学数学教学观的观点，结合数学发展规律、数学思维法和数学发现创新等法则优化教学设计，就必须顾及数学的两个侧面，将证明和发现放在同等地位，也就是说既教授猜想，又教授数学证明。毋庸置疑，发现带有层次性，而发明和创新也有大有小。教师需要立足学生实际，合理贯彻猜想和证明并重的原则，提高教学针对性，推动学生个性化成长。

（一）先猜后证，其乐融融

这一原则提出的根基是数学两重性：数学是演绎科学，同时还是归纳科学，也就是说数学发生发现过程是合情推理和演绎推理互动整合的结果。

当我们想要解决一个数学问题时，首先需要对结论进行猜想，之后对证明方法进行推测，然后尝试性地给出结论推理过程，在获得成功之后，才依照演绎方式进行整理。这样的数学能够让学生拥有一定心理准备，把握结论与证明是如何出现与发现的，能够学习探究发现的方法以及经验教训，在看到门道之后，自然能够感悟数学的情趣。

（二）"既教猜想，又教证明"的途径

当学生把握了某些数学定理后，适当地推陈出新，能够锻炼学生的创新力。推陈出新就是同时教授猜想和证明最为具体直接的体现。

在教学数学学科的过程中，在经历了火热而又激烈的思索过程之后，必须要有冷静深刻，同时聚敛思维的一个过程，对猜想的真假进行区分，落实证明推理的各个步骤，简单工整书写，修堵漏洞，进而追逐数学美，锻炼学生理性精神，完善学生意志品质，将知识与技能教学和促进学生个性化成长进行统一与整合，让学生可以真正爱上数学这门学科，并在今后的数学学习过程当中保持持久内驱动力。

教授猜想和证明并重原则，有着较强的针对性，针对的是整个教学过程，对

于特定的内容、学生、时间段等还是要有所侧重的。从这一原则出发，可以派生出下面几项原则：

1.严谨性与量力性相统一原则

数学的严谨性特点有相对性的表现，而且是逐渐发展的。在数学科学体系当中，不管是哪一个分支都历经了漫长过程。严谨性伴随分支发展而提高，但是提高并没有尽头，所以不存在绝对意义上的严谨性。

数学严谨性的相对性还有另一个表现，侧重理论基础数学以及侧重应用数学在严谨性要求方面还是有非常显著的差别的。侧重理论的数学对严谨性要求高，侧重应用的数学对严谨性则有所降低。另外，从事数学专业和一般工程技术方面的人员，对于数学理论方法的内容也有着不同的严谨程度要求。

量力性主要指的是必须考虑到学生的数学知识层次以及接受能力，在此基础之上，确定要达到怎样水平的严谨程度。严谨程度必须是学生力所能及范围之内，历经努力能够达到的一个标准。

2.数学的科学性与思想性相统一原则

数学教学当中要保证诸多数学内容准确无误，确保教学内容的呈现具备全面性与逻辑性，与此同时，还必须兼顾思想性。利用数学知识产生形成过程的数学教学，对学生进行针对性思想教育，如培养学生正确数学价值观，完善学生数学学习品质等，让教学内容的思想性内容得到有效的发掘与利用，促进数学教学的升华。

3.教学数学知识与培养智能相统一原则

在数学知识教学当中，必须注重推动学生智力素质的进步，对学生的智力因素进行有效地调动，同时关注学生非智力因素功能的发挥，把握好不同教学因素之间的内在关联，让学生的创新、空间理念、思维能力、运算技能等得到培养，使得学生能够掌握知识，将知识应用到解决实际问题当中，促进智能素质的发展，实现学以致用。

从很大层面上看，数学学习是用创造方法开展的，学习猜想和发现是一种不可多得的趣味，而发现是利用自主性学习活动收获的本领，并非他人想硬塞到手中的，所以具有自主性与主动性的特点。

三、教学、学习、研究同步协调原则

教师教学与学生的数学学习存在着非常密切的关联，而二者的关联是利用数学教材这一载体联系起来的，因为他们在同样的一个系统当中。在这样一个完整的体系当中，学生是学习主体，教师是教学主导，师生之间存在着紧密的关联活动，而且他们在教与学当中互相推动，相辅相成，协同进步。

（一）教材观

数学和数学教材不是相同的事物，我们提及的数学是数学科学，当作学校教学内容的数学则是数学教材。二者存在着关联，与此同时也有着差别，把握二者的关系和差异是数学教育当中必须面临的基本问题，更是每一位数学教师需要厘清的问题。

二者的联系主要体现在：数学教材内容是数学科学当中占据基础地位的一部分；教材表述方法保持着演绎化特点，而且会尽可能地体现数学科学基本方法。从历史的角度上进行分析，数学科学经历了数学萌芽到常量数学，之后到变量数学，最后到近现代数学的一个演变过程。人从幼儿发展到少年青年，也就是中小学时代数学教材当中的内容大致是依照数学发展历史顺序完成编排的。

二者的差异除了深度与难度方面有很大不同之外，还有以下几点：

1.任务不同

从任务上看，数学科学和数学教材的差异是非常突出的，也就是说二者的指向是有显著差别的。数学科学任务是揭示客观世界存在的数学现象与奥秘，发现客观事物在量方面的规律和促进数学理论健全进步，或者探究数学技术运用，从而达到历史与改造世界的目标。数学教材是学校数学学科教育内容不可缺少的构成部分，其任务是给学生传授最为必要与基本的数学知识，推动学生全面发展，让学生拥有终身学习以及可持续进步的能力。

数学科学进步虽受一定社会因素的影响，但是将侧重点放在解决从数学视角刻画自然与社会中的非心理因素现象，所以独立性特征非常鲜明。数学教材则一定要服从特定社会需求，满足学生的心理需要，将侧重点放在怎样教授或模拟活动等方面，要将客观规律和人的认知规律进行统一与协调。与此同时，利用教授数学知识与教学活动，拓展数学育人价值，挖掘数学教育功能，进而促进学生科学素养的提升，不断完善学生社会文化素质，培养学生良好数学品质，推动学生身心健康与可持续性发展。

2.认知主体不同

数学科学认知主体主要是数学专业的从业人员以及数学家。这个主体通常是成员自愿构建的，他们将认知结果运用学术形态进行展现，这样的形态虽带有社会性的特点，不过主要凸显出的是数学性特征。换言之，只有他们这个主体才能认知。数学教材认知主体则是广大学生，认知结果主要体现在对教材的理解、把握以及应用上。前者的工作具有创造性，而后者则带有传承性与继承性。

3. 知识结构特征不同

数学科学表现为数学专著活动，其特征是科学系统性与结构严密性，同时持续不断地进行统一与集中，只需要考虑如何更好地将数学内容进行清楚、合理、严谨的表达，不必考虑读者感受。统一和集中数学教材可看成数学的基本精神和方法，所以也能够反映在数学基本结构中。此外，数学教材结构不能不考虑学生的感受，所以这一点上二者的差别是很大的。

假如数学科学表现的是数学的学术形态的话，则数学教材体现出的是学术和教育形态的整合。在数学教学环节，教师还需将教材内容进行分析挖掘，之后制作教案，也就是科学化地推进教学设计，之后，将教学设计付诸行动，成为教学过程。教学过程是数学在简化、理想以及可信的环境下的生长过程。

4. 思维方式不同

数学科学利用严密演绎体系进行反映，运用形式逻辑与抽象思维当作外部特点。这实际上就是我们常常表述的，数学是高度抽象性与逻辑严谨性的一个统一体。数学教材则把侧重点放在准确体现科学认知，辩证思维过程，直观归纳与类比等数学探究性思维。假如数学科学思维关注的是结果的话，那么数学教材思维则更加关注过程。不过，数学教材一定要保留演绎科学的特点，才能够让学生真正把握数学这门学科，领略其中的精髓。

就论证而言，数学科学除了确认成公理的原理外，全部结论都一定要有严格推导或证明，确保逻辑严谨。但数学教材则关注不同年龄段学生的理解能力，会根据学生的年龄特征与能力层次寻求一种相对严谨性。针对公理要求，数学科学通常需要保证公理独立，数量少。数学教材则往往应用扩大公理系统，对非独立公理使用也是非常容忍的。

（二）数学教学过程中的学生与教师

数学教学的整个活动是师生与生生间开展的多边性活动，在整个活动的进程中，教与学有着互相依存与作用的关系。教师和学生各自以对方存在为个人存在的前提条件。教与学、学与学彼此互相支持、渗透、转化，多方持续性地进行教学信息的传递与交流。伴随着计算机技术设备的普及推广，很多交流互动能够借助计算机来完成。立足现代放眼未来，教学活动最为根本的目标是促进学生学习性以及全面性发展。能否实施好这一教学原则，和教师的两个观念关系紧密。

1. 学生观

学生是教学对象，还是数学学习的主体。学生主体性发挥首先需要学生具备一定品质、精神、意识与能力。

（1）主体意识。在具体的数学教学环节，学生作为主体必须主动参与，树立主体发展的意识，教学活动需要将关注点放在增强学生主体意识，信赖学生可以主动探究思索，将学生看作具备主观能动性的活生生的个体。学生在学习时可以将动手和动脑进行整合，可以主动质疑，认真探究与解决数学问题，把握数学精髓，塑造完善数学品质。

（2）主体精神。在实际的数学教学当中，学生作为主体应该拥有独立性与自主性的品质，还应拥有团结协作意识以及科学精神。所谓独立性与自主性的品质就是学生可以立足自身实际，主动投入和建构自身的数学认知体系，收获全面发展的能力，成为自己生命的主人，做一个主动性的个体。团结协作意识是要让学生拥有合作精神。教育有四个支柱，分别是学会认知、做事、共同生活以及生存。教师应该引导学生加强合作与互动，对学生的人际交往能力、沟通互动能力、语言表达能力、团结协作能力等方面的提升都有极大裨益。科学精神强调的是数学教学中教师要鼓励学生勤思多想，拥有主动探究的勇气，不会盲从经验，发展批判精神，坚持实事求是，大胆勇敢地追寻真理。科学精神是我们的时代精神。

（3）数学教学应该致力于促进学生主人翁意识、责任感、意志力、自信心、自律等能力的培养。责任感是个体与社会发展目标与和谐统一的表现，是个体勇于进取和自主进步的动力。让学生在面对困难时拥有强大的克服困难的勇气，拥有面对问题时的坚强意志力、正面挫折的积极态度和相信自己能够完成学习任务的信心，对于学生的学习和未来成长来说都是非常关键和必要的。

数学教学环节还要注意对学生进行学习与创造力的培养，因为新能力和创造力在学生的持续性进步与终身学习当中是必要条件，更是学会认知的目的。

发展核心在于创新，创新是发展灵魂，假如不存在创新的话，就不会有发展。这样的道理在数学教学当中同样适用，注意在教学中培育学生创新思维与创新力，是学生创造性地投入数学学习，完善数学品质的实际需要，更是国家、社会进步的根基，是民族复兴的重要基础。

2. 教师观

教师是教学的主导，在数学教学当中扮演着重要角色，要想让教师的职能价值得到充分发挥，除了要求教师吃透教材外，还对教师提出了以下要求：

（1）有效指导。教师的指导是学生成长和发展的不竭动力，教师在引导学生加强知识学习的时候不能就此停止，还需启迪学生加强思考，指导学生发明与发现。教师需要把控好整个教学进程，对学生探究发现的方向进行主导，合理配置数学教学资源。我们在这里提及的几个词语：把控、调配与配置的前提条件都是以学生为中心，以满足学生发展需求为目的。

站在过程层面进行分析，教师有效指导有以下几个体现：首先，营造问题情景，刺激学生产生学习动力以及内驱力确定学习目标；其次，运用多元化形式与手段引导学生探寻规律；最后，指导学生开展数学练习，加强总结归纳，提出更深层次的学习目标与努力方向。

（2）有效组织。现代数学教学过程具有混沌性的特点，而数学教师作为其中的关键角色，掌握混沌控制方法是十分重要的。数学教学组织是十分关键的活动，而教师作为教学主导担当着指挥者与组织者的责任。要结合多元因素特征，合理选取科学有效的控制方法，完善数学教育方案，提高临场应变能力，有效调动多种积极因素，消除消极因素，确保数学教育目标的实现。

（3）有效评价。优秀的学生是夸赞出来的。在学习数学的进程中，学生是否能够长久地保持积极性与主动性，在很大程度上与教师的评价是否有效有关。教师需要特别注意对教学评价的运用，发挥评价更大的作用，在教学评价时落实公平公正以及实事求是原则，客观地评估学生的学习过程，将评价的诊断、调整、激励与导向等诸多功能展现出来。

（4）学高身正。教育是人有意识推动个人发展与促进社会进步的过程，是人和人实现情感、态度、知识、技能等多方面传递与影响的活动。教师要注重发挥自己人格的力量，用自己的思想、态度、情感、行为影响学生。"学高为师，身正为范"，教师要"爱其生"，这样才能使学生"亲其师，信其道"。

（三）教学、学习、研究同步协调原则的具体内容

教学研同步协调原则的基本内容是：教师的教学过程，也就是学生的学习过程，两者统一于师生共同参与的研究、探索、发现过程。教师怎样组织好、指导好这个过程，我们提出两点：①教师本身要有研究和发现的经历。因为如果一个人从未研究过数学，他怎么去指导别人去研究；一个从未发现（哪怕是再发现）过任何数学中的东西的人，他怎样去引导学生去寻找发现的契机？虽然研究和发现是不容易的，但又是作为"数学教师"的人能够企及的，这里不是能不能的问

题，而是为不为的问题。这就是教学研同步协调原则对老师自身的要求：把自身的学习、教学、研究抓起来。否则，就无法成为称职的数学教师。②仔细研究和体味教学研同步协调的过程，它很难预先完全设计好，就好像一场球赛，是一个典型的混沌过程，主要靠临场发挥。在这里，控制这个过程既是科学，又是艺术，研究这样的过程，认识它的规律，是真正的挑战。

该原则体现了全新的教学观，它可派生出以下三条教学原则：

1.教师启发诱导与学生积极参与相结合原则

教师需要用积极主动的态度投入教学活动，善于运用教学艺术，为学生营造问题情景，启迪学生独立自主地进行探究思索；学生需要乐学与善学，调动自己的各个身体感官，主动投入到数学学习活动中，开展创造性的数学学习，确保数学知识融会贯通与学以致用，与此同时，推动个人思维与创新能力的全面进步。不过有一个前提条件，那就是拥有良好的师生关系。在整个过程当中，不断提出与解决问题，可以有效调动教学气氛，将数学教学研究引向深入，引向发现与创造。

2.教师合理化组织与教学方法手段相结合原则

在具体的教学环节，教师需要把握好教学内容、学生特征、教学大纲要求、根本任务、教学宗旨等诸多内容，选择有利于开展教学活动的教育组织形式，把握以及运用好传统与现代的教育方法和手段，对其进行综合性与灵活性的应用，增强整体效应，打造科学高效的数学课堂。

3.学生信息反馈与教师的调节相结合原则

数学教师在教学时需要主动以及有意识地利用多元化渠道获得教学和学生学习的反馈评估信息，以便对教学活动进行科学化的调整或者增强，促进教学效率与质量的提升。

第三章　数学方法论在大学数学教育中的应用

第一节　数学教育内在的理性精神

通过对整个数学的发展史进行研究，我们能够了解到，国家繁荣和数学发达程度的相关性极强。这些都是有真实的例子存在着的。例如，希腊在数学方面位于世界领先地位的时候，正是其社会高度发展之时。封建社会末期是我国数学进入低谷的时期，这是因为国家在衰落。意大利在文艺复兴时，在数学方面领先于世界其他国家。到了 17 世纪，伴随经济中心转移，数学中心也发生了改变，英国成了当时资本主义国家的领头羊，同时也成了数学发展的中心。到了 18 世纪，在大革命后获得快速发展的法国取代英国，成为数学领域霸主。二战结束后，美苏两国都迎来数学发展黄金时期。而苏联解体后，美国在数学方面独领风骚。因为数学是科学的皇后，数学是科学大门的钥匙，于是数学中心也是科学中心，是高新技术中心。所以说数学是至关重要的，但是我国很多人却没有认识到这样的问题，很多文化人常常会把中小学数学学得不好变成口头语。正如柏拉图曾经说过的，不能够认识到数学重要性之人是愚蠢的。虽然有一部分人意识到数学的重要价值，但却将数学当作实现功利目的的手段，也就是打着数学旗号做着违背数学的事情。例如，很多枯燥单调、商业气息浓厚的数学教材，忽视智力能力锻炼的数学教育风气，事实上是反数学的表现。中国工程院秦伯益院士提出了让我们深刻思考的一个疑问，那就是我国特别注重科研，在这方面的投入也在不断地增多，但是科技竞争力名次不增反降，究竟是为什么？

一、数学家与数学教育家眼中的数学

M. 克莱因认为，数学是一种理性精神，推动全人类思维健全发展，甚至还决定人们的物质生活。虽然目前数学根基不牢，但我们都不能质疑数学是全人类思想体系中最为贵重的财富，需要对其进行保护和保护性的应用，以便将理性精神发挥到极致。

齐民友认为，数学精神有一个最为集中的表现，就是彻底理性探究精神。他认为数学文化会影响人们的精神生活，假如在数学发展过程中忽视文化要素，那么数学也不会获得如此大的发展。假如一个民族不具备发达的数学文化，那么它有一个必然的发展道路，那就是衰落，直至灭亡，不将数学当作文化的民族也一定会走向衰落的轨道。另外，张祖贵和丁石孙也表明了相似的观点：一个民族想要屹立于世界民族之林，无时无刻都不可以缺少理性思维，而理性思维最行之有效的方法就是数学。

在很多专家学者看来，普及数学不是单单对数学知识进行普及，还应该注意数学思维的普及。数学思维体现出的是人类极高的智慧以及创造性。在知识经济时代，在知识爆炸的大背景下，智慧显得更加的弥足珍贵。扫除数学盲不单要对基本数学知识进行大范围的普及推广，还需要对基本数学思维方法进行全面推广。华罗庚就曾经说过，数学能够让人的思想更加准确而又敏捷。不管未来从事的是怎样的工作，数学都能给人极大的帮助。数学对学生思维能力发展有着显著价值，是我们学数学的主因，还是数学实用价值的直接表达。

综上所述，有些专家把侧重点放在数学思维上，也有一部分人注重数学思想的研究，还有一部分人关注理性思维和文化价值。思维受精神影响，而思想与文化的核心是精神，理性思维又不能离开理性精神，理性思想和文化的本质是理性精神。由此观之，理性精神与数学是亲密的伴侣，只有在数学教育中显现理性精神这一重要内容，才能形成重视数学的气候，才能推动数学多元功能的发挥。而在我们中华民族的文化体系中，需要注入理性精神，数学教育要注重培养学生的理性精神。

二、数学教育应该培养什么样的理性精神

就数学的认识而言，人们会从不同的角度对其进行认识，有历史、哲学、应用、思维等不同的层面。所站的角度不同，得到的观点也会有所差异，正所谓见

仁见智。如今，大量的现代数学家在显性或潜意识中都会把数学当作科学，所以国内的很多学者得到了这样的结论：科学说。这一结论已然成为共识，并未有什么反对见解，即使是提出了其他不同的学说，但都有一个共同的前提条件，即都是在认可数学是科学的条件下提出的。

既然数学是科学，科学精神是人类智慧结晶，数学中包含着科学精神，相应地，数学教育就应该注重科学精神的教育与培养。数学是理性化身，数学教育应该培养学生的理性精神。但是，科学和理性精神在内涵方面并不是完全一致的。近代科学精神特指利用实证反映的实事求是精神，理性精神指的是区别动物与原始人的智慧力量。而在现代，大量学者会将科学与理性精神当作是同义词，认为二者是相通的。

逻辑实证论者的观点是：科学精神的根基与核心在于观察与实验。诺贝尔化学奖得奖者波普尔解释什么是科学精神的核心，所谓科学，实际上就是猜测和反驳，其要旨在于批判怀疑；W.科恩把"求"作为科学精神的核心，他的观点是要用构建范式的方法指导科学活动的开展；周光召认为科学精神是实事求是，将追求真理与继承作为根基开拓创新；席泽宗认为科学精神的本质是实事求是与客观公平；竺可桢的观点是科学精神是不盲从和不附和、具有理智、虚怀若谷、专心致志、实事求是、严谨客观。中国社科院金吾伦对非科学精神有哪些方面的表现进行了论述，他认为抄袭伪造以及弄虚作假是非科学精神；在科学争论中，以势压人、给人戴帽子、打棍子等是非科学精神；迷信宗教是非科学精神；不经研究、妄下判断是非科学精神。研究思维科学的专家田运将自己认为的科学精神进行了总结，包括：客观求实、创新精神、求精精神、时代精神。

不同的专家学者在论述科学和理性精神方面，实际上是大同小异的，不过很多专家论述的精神主体，更像科学家或约束科学家价值与规范的综合，有些内容要在基础数学教育中进行应用未免显得要求高了些。比如，就近期教育目标而言，恪守真理的大无畏精神对学生而言就不太具备适用性。要注意的是，科学家身上闪耀着的理性精神对学生的教育价值是深远的。我们应该尝试把出发点放在理性精神的本来意义方面，把数学教育的核心放在理性精神培养方面。

追溯根源的话，理性精神事实上是两种精神辩证缠绕形成的，即古希腊的逻各斯精神与努斯精神。逻各斯精神目前是西方逻辑精神，而努斯精神则发展成西方超越或自由精神。我们通常会将二者称作西方理性精神的语言学与生存论起源，同时通过探究黑格尔辩证法澄清二者的关联。逻各斯在希腊语中，原本是话语的含义，之后转化成了规律、公式、命运等含义，之后又发展出了逻辑的含义，这是作为普遍规范法则的理性。努斯原意为灵魂，是高级和理性灵魂，是我们如今所提倡的理性。自由、追求普遍法则、超越外界干扰的逻辑是理性精神最为基本的要求。而专家学者们提到的理性精神是在一定程度上反映以上基本要求而提出的。所以，理性精神就是达成以上基本要求过程中显现出的思想和态度。

数学之所以能够产生，是因为有理性精神持续不断地向前发展，并且彼此作用的结果。因为数学家的独立人格是非常明显的，所以他们也拥有着主体理性。把理性精神作为数学教育内容指的是在数学的教与学中通过感悟数学内在理性，理解数学家理性精神的学习体验。在数学教育实践中要大力塑造的理性精神，应该包括以下内容：第一，在学习目标的确定方面，要把数学的内在价值和精神当作精髓，有效排除外在的不利干扰，实现自由和自主。第二，在确定学习动因方面，注意将求知欲与好奇心理作为根本动力，实际上体现出的是学习活动动力不可以被外在动机遮蔽的基本要求。第三，在学习过程中，应该秉持质疑精神，不可以盲从与迷信，但也不是毫无根据地怀疑一切，而是用逻辑标准发现或者建构命题，并提出质疑。质疑并非是利益驱动之下提出的，而是在坚持真理的条件下提出的。第四，针对理性精神持有的态度和价值观是不能够是绝对意义上的理性，否则很容易忽略其他精神性的内容。如果一位数学家有独立人格，那么他的身上就会闪耀出理性精神，这样的精神不存在国界和阶级的划分，是普世性的。反之，缺少理性精神存在，没有独立人格的数学家，永远也不会发现数学真理，而数学研究也不会获得如此大的发展。数学研究的进步，要有理性精神协同进步，还要与其他自由精神相统一。

（一）重视数学的内在价值

重视数学内在价值的含义是数学学习中加大对思维训练的关注度。首先，应该特别警惕单纯地把数学技术化，只把数学当作应用工具。其次，警惕把数学程式化，片面地把思维训练简化成程式化步骤模仿，将抽象思维训练和有价值的学习内容当作机械背诵的素材。

就当前实用至上观点抬头的情况，国内的诸多有识之士提出了很多的忧虑。陈省身曾经强调，数学的根基是纯粹数学。纯粹数学引入基本概念，化繁为简，导入深层次发展。我国数学之所以比不上西方数学，非常重要的一个原因就是过度关注应用。可以说，这样的观点与目光是非常短浅的，但是这样的观点是如今非常普遍的。姜伯驹等人强调，对课程内容与体系进行创新改革，在如今非常必要和关键。在这一领域，历来很容易出现偏向实用主义的情况，在课程内容确定与课程安排方面没有想到数学是有机整体。

只是教给学生有实用性的内容，将数学知识的整个完整体系变得支离破碎，其结果是学生学习得似是而非，只是掌握了机械性的知识，但却不知道其内涵，也得不到严格训练。数学教育必须要警惕过于注重实用的偏差，而高校数学教育更应该对高校数学应用性的认识更加清醒与全面。大学数学内容事实上在科学应用范围方面非常有限，而具体内容应用机会很少，如大学数学教育中常常应用到的微积分公式，是很多人在平时生活中根本运用不到的内容。郑毓信曾经说过：我们需要帮助学生清楚认知超出生活经验、上升到学校数学的必要性。数学概念与知识学习在学生思维进步方面发挥着不可替代的作用。我们追求的不应该是从学校数学到生活数学的简单回归，而应该是二者高层次方面的结合。

过度关注实用性具有潜在的危险性，很有可能会加重学生数学学习中的功利性色彩，让注重数学内在价值变成空话。数学内在价值最为主要的体现就是数学思维训练。在孙小礼看来，数学理解问题，指的就是数学思考方法，包括构建模型、推理运算、逻辑分析、数据推断、数学实验等诸多内容。在张奠宙看来，数学教育应将培育理性思维作为重点，其内容须包括：独立思考，不迷信书本以及教师权威；尊重事实，避免加入过多主观干预因素；思辨分析，避免混淆是非；推理严谨，严格遵照逻辑规律。前面的观点趋于微观，而后面的观点则趋于宏观。就中小学数学教育而言，针对学生应该注重培育学生建构、抽象、化归、拓扑等思维。

学生数学认知过程是建构过程。因此，就数学认知而言，应该把主要任务放在培育建构思维方面。所谓建构思维，就是发明发现数学概念、定理、数学思想方法等的个人认知。建构思维包括三个部分，分别是外源、辩证、内源建构思维这三点。外源建构是利用有意义的学习对拥有正确标准的基本知识与技能的建构，建构结果应该符合基本知识与技能的外在准确标准。辩证建构思维是利用合情推理对已经存在着的数学概念和数学命题实施再发现，不过整个再发现的过程应该实现内在与外在的统一。推理是对已有数学概念与命题进行再发现，再发现展现出的是主体内在发现及外在概念和命题的一致性。内源建构思维是主体借助多种不同的推理方法和实验方法等，发明数学概念和命题或利用思维活动形成带有个性化特点的数学思想方法。

概念学习在数学学习中占据基础地位，而大量的数学概念则是抽象思维的产物。所以，数学认知过程是塑造抽象思维的一个过程。在数学概念的学习与认知过程中，教师需培育学生弱抽象、强抽象与广义抽象思维。这三种思维的有效培育，是满足概念学习需求的表现，同时还是澄清错误认知的内在需要。徐利治教授特别指出：通常情况下，人们常常觉得数学概念越抽象，和实际距离越远，进而会和实际脱离的程度大大加深。这实际上是个误会。而该误会的产生，是只看到数学弱抽象的一面，忽视了数学中还有强抽象过程。数学能够成为所有科学共同的工具，是由于数学模式通常是弱抽象和强抽象的产物，有些时候还要应用到广义抽象。一般而言，会觉得具体和抽象是两个完全不同的数学概念。这实际上也是误会，是过分简单化二分法造成的一种误解。事实上，抽象和具体是两个相对意义上的概念，抽象具有层次性特征，具体同样也有层次性特征。通常的看法是，数学思维成果或研究对象的客观真实性，都一定要根据现实世界数学原型的存在来得到保障。这还是误会，也是人们容易出现失误的一个方面。抽象模式在构造完成之后就拥有了形式客观性以及独立存在性，所以拥有独立生命，之后又能够成为后继进一步抽象的原型或者背景。

有些学者认为，数学运算间存在着转化关系。在数学体系中，拥有大量的计算方法与证明方法，究其思路根本，通常是利用了各种转化。一般而言，人们通常会将数学学习、开展数学推导与运算当作是锻炼思维、发展抽象、逻辑推理、辩证思维等方面的能力。转化思维实际上就是化归思维。数学学习的过程是无法脱离解决问题存在的，解决问题的整个过程涉及的主要就是划归过程。所以，在具体的解题过程中要关注化归思维的锻炼。

在数学学习认知层面，要关注拓扑思维的培养与锻炼。在这一层面，公理化思想是拓扑思维产物，虽然中学数学公理化思想的体现不如数学科学深入，但需要让学生认识到数学知识虽富有变化，但仍是应具备的基本知识。

现代数学盲并非是不懂数学知识之人，而是不具备数学理性精神之人。落实数学素质教育的一项关键性内容，就是挖掘以及发挥数学内在思维价值。要揭示数学教育本质的话，可以将其确定为素质教育，而非是人们常规认识到的知识教育。所以，数学教育也拥有相应的价值，那就是通过引导学生学习和对学生进行数学指导，可以让他们的数学综合素质得到培养，为他们成长成才提供良好支持。

（二）让好奇心成为学生学习数学的内在动力

对学生来说，他们之所以在数学学习方面存在着内驱力，很有可能是出于好胜心，或者是满足升学就业等方面的需要。外在动力推动数学学习虽然无可厚非，但是不具备内在动力系统，数学学习在满足了功利化要求之后就会出现停滞发展的问题。比如，学生通过数学学习满足了自己升学要求之后，在接下来的数学学习中就会丧失动力，停止不前。数学存在内在和谐统一之美，同时还有外在形式之美。数学美会让人心驰神往，产生强烈的好奇心，而好奇心又可以刺激学生产生内在动机。忽略这个内容的话，不单无法帮助学生达成长远目标，还会让数学教育蒙上功利色彩，培育出不具备理性精神的学生。为某些功利目的学习数学或者进行数学研究的人，是无法获得真正学习或研究果实的。数学教育应该加大对学生好奇心的保护力度，促使学生将好奇心转化成为求知动力，为数学学习提供源源不断的动力支持。

（三）培养有条件的质疑精神

有条件质疑是指不完全迷信专家权威和书本，也不无条件怀疑一切，用逻辑或实践标准对质疑对象进行审查。至于不带有任何的功利性色彩，质疑实际上是坚持真理的一种直接体现，只有拥有追求真理的精神，才会表现出对逻辑和普遍法高度的认可以及持续不断的探索。在基础数学教育阶段，学生质疑的内容或者是质疑是否具有道理都不是最主要的，最为主要的是他们自认为有理有据地给出了质疑意见与观点，他们提出质疑，出于理性化目标，目标是探寻真理，而非是其他功利性目的。

学校拥有着人力资源的不平等地位，这就决定了学校应在引领和推动社会文明方面做出其应有的贡献。学校是拥有丰富知识，代表先进文化发展方向以及净化学子心灵尘埃的重要场所和空间。学校应成为精神岛屿，而这个岛屿虽然会受世俗洪水冲击，也会被其紧紧环绕，但是不应该淹没在洪水中。学校精神应该是让质疑精神屹立不倒。西方的很多极具影响力的大学都特别鼓励和支持质疑，如普林斯顿大学数学系的根本指导方针就是关注独立思考与质疑精神培养，而这座大学培养出了爱因斯坦、冯诺依曼等著名大师。大学数学教师在很多时候不会在课堂上给出完整证明，在他们看来，学生将教师讲授的知识背得滚瓜烂熟，并非是本事，追求分数是无意义的，可以快速投入科研才算是本事。

质疑精神受诸多"关卡"制约，而教育则是处在里层的一个艰难"关卡"。要想让学生张扬理性精神，数学教师就需要有意识地打破这个"关卡"。数学研究涵盖猜测、错误与尝试、检验和改进、证明和反证等多姿多彩的数学活动，质疑精神在这些活动中起到了不可磨灭的作用。数学教育的过程中，需有意识地揭示质疑精神的作用以及在教学中发挥的价值。不管是谁都不可能获得终极真理，在这样的情况下，怎么能不允许质疑精神存在呢?

（四）认识到理性不是万能的

数学是理性精神，数学不会有排除异己的表现，就像是欧式几何和非欧几何，在数学领域中各自占有一席之地，但是它们并不存在彼此排斥的关系。所以，真正意义上的理性精神是不排斥和理性精神共处的其他精神的，认识到理性并非万能是理性精神的另外侧面。数学文明经历数千年的发展，一直到今天，数学文化人不再过于抬高事物，并认识到不管是哪个事物，都不可能是完美无瑕的。数学这座大厦的建立和抽象思维、公理化法、逻辑推理等有着紧密关系，但是这部分内容均具有局限性特征。

我们在面对抽象思维时，不可以盲目信任其无限大的威力。抽象思维通常是对实际的很多环节实施强行分离。也就是说，抓住某个本质，将其看作是特征，将其概括成为普遍意义上的属性，构成对象概念，当作精确逻辑思维出发点；摒弃其他环节，让这些部分不出现在之后的形式化推理中。抽象思维的本质特征决定了是不可能实现面面俱到和完全意义上的精确。这实际上就是人必须要承认抽象思维不完全的原理。究其根源，只要是数学概念都会强调拥有确定的一义性，所以也必然是单向性抽象结果。这样的单向性实际上就是不完全原理产生的根源。结合不完全定理，我们就不能过度抬高抽象思维，需要树立清醒头脑，认识到抽象思维是有明显局限性的。

培育创新思维与创新精神，必须要依靠对学生质疑思维的调动以及保护，而提高学生质疑精神，在中国的现实意义更为强烈。数学教育应该关注理性精神教育，不过在理性教育的过程中，需要让学生树立正确的理性认识，认识到理性并非万能而且存在局限性特征，让学生拥有成熟以及稳定的理性精神。

第二节　数学教育需培养效率意识

所谓效率意识，其内涵是意识主体对效率价值的感知，是效率的价值作用步入主体意识活动，并影响主体思想观念和行为的一个心理活动。效率意识主要有两个表现，第一个表现是质量意识。假如缺少质量意识，就好像是闭着眼睛奔跑，劳心费力但却不能到达目的地。第二个表现则是时间意识，既要珍惜时间，又要科学恰当地运用好时间。假如不具备时间意识的话，那么质量意识也将成为空谈。

实际上,数学文化人的效率意识是很强的,数学发展史表明,数学自身的进步是遵照效率原则向前推进的。

一、数学文化人有浓厚的效率意识

数学文化人主要是指那些对数学文明做出了突出贡献和对数学文明具备足够鉴赏力的群体以及个人。数学文化人包含名家,也包含虽没有极高身份地位,但却是很多人心中无冕之数学王子的人。

首先,数学文化人的效率意识在简单数学追求精神中展现得淋漓尽致。数学文化人具备科研品质,该品质的内容是拥有化繁为简、化难为易的意识。纵观数学发展史,数学发展通常的目标是追求成果简化。在 11 世纪,沈括就表示约简和解法多元化应该当作全部数学方法一定要遵照的一般准则,而这就是科学研究实践中简单原则的萌芽。傅里叶在研究热传导以及建立傅里叶级数时,同样也始终秉持着简洁性追求,他认为数学函数不管是多么的复杂烦琐,总能表示成简单基本函数的总和。在希尔伯特看来,数学问题求解必须要确保求解过程严格和求解方法简便。阿蒂亚对数学发表过大量精辟且独到的见解,他说数学的统一性和简洁性是至关重要的两个内容,数学的根本目的是尽最大的可能性运用简洁的基本词汇对整个世界进行解释与阐述。徐利治教授回忆在 1948 年任清华大学助教时,一次他在听完陈省身先生的讲演后,陈省身先生特别为青年教师说出了欧洲数学大师的名言——数学应该将简易性作为目标。徐利治教授在几十年的数学教育中,始终没有遗忘对简易性的追求。通常情况下,对于他感兴趣的数学问题,总是会竭尽可能地将其简化到不可以再继续简化,接下来会对简化的问题进行简易解答的探索。当然,在这一过程中付出了诸多努力,并不一定总会收获成功,假如失败,他就会凭借自己对问题的兴趣以及强烈的探索欲望,探究其他的解题思路,换个角度继续前行。

徐利治教授在引导青年学生开展科学研究活动时,始终反复强调,让他们掌握化难为易和化繁为简的方法。在面对数学教学时,包括处理教材以及课堂教学,他始终贯彻追求简易的教育目标。他特别提出在全国的大中小学数学教育改革中,不管是改革内容还是方法都要和数学发展的整体目标保持一致,也就是说,将追求简易作为根本目标。

通过对上面提到的这些观点进行分析,我们能够了解到由于复杂东西在应用时非常低效,于是数学文化人尤其关注简单数学,追求简易目标,其重要的目的在于让人更加科学高效地应用数学。

其次，数学文化人的效率意识在认为简单是一种数学美的感受方面有所体现。因为数学秉持的目标是简单性，在数学文化人看来，简单的数学结果是一种独特的美，而美的事物应用之时是非常高效的。由此观之，数学文化人的效率意识中，已然将美、简单和效率进行了紧密联系。比如，在许宝騄看来，简单和统一是数学之美的直观体现。他不管是在实际的教学环节，还是在撰写数学方面的论文时，都会特别反映这样的特征。他不仅从内容上追求数学的简洁美，而且在表达形式上也做到尽量经济，他追求两者的自然的一致。他甚至为了对数学简洁美的追求，不肯多使用一个字，哪怕是矩阵 A 都会写成阵 A。王元提出的观点是：数学美在本质上看就是简单，是简单之美，并非是华丽之美。孙小礼提出：数学中美的事物是非常简单的，而不美的事物则是十分冗繁的，特别是在使用过程中，特别不便利。假如数学推导过程过长，而且过于复杂的话，其中应该有某些简单一般的准则，能对复杂性问题进行解释，将显著的任意性规则为少数几条指导性动机。著名的数学家田刚把大量数学家的共同感受进行了描绘：数学之美在于结论简单与明确。数学就如同一个花园，在没有步入花园大门时，根本无法发现花园的魅力，但在进入之后，就会觉得花园是如此之美。概括来说，好的事物是让人心驰神往的，数学文化人将简单作为数学美，而数学简洁性的本身就显现出效率上的要求，与此同时，还可以推动数学应用的高效率。

再次，数学文化人可以强烈感受到效率存在性。比如，我们生活当中的烧水沏茶，数学文化人都可以觉察到其中蕴含的效率的规律。华罗庚曾经在《统筹方法平话》中对泡茶喝茶的故事进行了论述。火已经生了起来，茶叶也在一边，不过没有开水，茶壶、茶杯、茶炊等工具还没有清洗。接下来应该怎么办呢？实际上存在着以下三种选择：第一种选择是先把茶炊洗干净，然后灌满凉水，放在火上烧，等水开的这个过程中，把茶杯与茶壶清洗干净，并在茶壶中放上准备好的茶叶，等到水开之后就开始泡茶；第二种选择是将众多茶具清洗干净，放好茶叶，灌水烧水，等到水开之后，开始泡茶；第三种选择是把茶炊清洗干净，灌满凉水，放在火上，等待开水，待水开之后，匆匆忙忙地寻找茶叶，清洗茶杯，然后泡茶。毋庸置疑，具备效率意识的人会在有意识或无意识的状态下选择第一种方式。这表明在生活中，效率问题是无处不在的。数学文化人在效率相关的问题上，有着非常高的敏感度，正是因为这样的敏感性，让他们在各个方面都具备非常强烈的效率意识。

最后，就数学的教与学而言，一些数学家的观点也表现出效率意识。我国古代的数学家以及数学教育家杨辉开辟了数学教育领域追求简易目标的先河。《习算纲目》在开头时先念的是九九合数。早在杨辉提出自己简单的方法之前，人们在练九九合数的时候总是将九九八十一作为开端，所以就有了九九口诀这样的称呼。杨辉则主张从一一得一念到九九八十一。在这之后，人们才把九九口诀的背诵顺序倒了过来，而这样的方法一直沿用到了今天。站在认识论的层面上进行分析，这样的顺序更符合人们由简入繁认知事物的规律。华罗庚则表示，具备极高教育教学素质和能力的教师，通常可以将复杂的内容讲得非常简单，将困难的东西讲得非常容易。假如运用相反的处理方法，将简单东西讲授得复杂，将容易的东西讲得过难，实际上是教师教育水平低的体现。单墫表示他特别不赞成学海无涯苦作舟这样的表达方式，他认为其中的苦字写成乐字会更好，因为在具备了浓厚兴趣之后，才会在学海中自由遨游。学习好的学生并非一定要花费大量的时间学习，他们在学习方面收获成功，最大的诀窍是对时间的科学利用，提升整体的学习效率。而要想提升学习效率，就一定要做到专心致志。很多数学家在实际教学时都能获得非常好的效果，这是因为这些数学家注重将复杂知识简洁化，用简单语言描述复杂思想，使人们能够对复杂的内容轻松把握。

总而言之，数学文化人的效率意识是非常浓厚的，正是这样意识的存在，确保了数学和数学应用的效率化。

二、数学教学需要培养的效率意识

（一）全面的质量意识

在数学教育的进程中，质量意识主要是利用数学教学获取多方面数学教学效果的一种意识。多年以来，在数学方面，基于操作简便和全面质量意识不强等因素，给认知领域评价加入了极大的权重，使非认知领域、个性特长等方面的评价变成了无关紧要的点缀，而这样的情况也在无形中为学生的成长和发展设置了很大的障碍。全面质量意识是学生在认知、能力、精神、意识等诸多方面均获得发展的一种意识，主要表现在：全面质量意识，不局限在双基教学中，也不局限在某些数学能力或某些非智力因素方面；长效质量意识，也就是目光不局限在近期教学目的方面，也不满足于为学生讲得清楚明白，或学生似乎听懂内容，可以依照一定程序或模仿思路的方式完成数学题，忽略长远教学目的；实质的意识，指淡化数学教学目标中的"符号"意识——只重视名次、分数和称谓，忽视了对序数意义下或基数意义下以及称谓评价意义下的"符号"中内在实际质量的反思。

（二）时间意识

数学教育中的时间意识，实际上就是科学运用时间以及向时间要教学效率的一种意识。时间对于我们每一个人来说均是公平的，尽管如此，不同的人利用的时间却有很大的差异。如果一个人具备非常强烈的时间意识，就会在纷纷扰扰而又充满诱惑的世界中珍爱时间，不会被其他事物干扰，而是专心致志、科学合理地利用时间，向时间要效益和效率。全面质量意识是效率意识的方向，而珍爱时间是实现效率意识的基础与前提条件。不过，珍惜时间仅是效率实现的一个必要条件。除此以外，还必须拥有向时间要效益的意识存在。数学是与思维相关的一门科学，数学学习无时无刻都不能脱离思考，假如不具备有效运用时间的意识，只是依靠延长时间的方法，对每一个学生来说都是非常有害的。

第三节　数学教学需激发学生的求识欲

纵观我国的数学教育，教师通常运用组织设计教学、复习旧知识、教学新课程、设计巩固练习、布置作业这五个环节开展课堂教学活动，而这几个环节已经构成了相对稳定的教育模式。受此影响，广大学生也逐步形成了吸收—记忆—再现这样的固定化学习模式，也就是说，上课时认真聆听教师讲授的数学概念或者数学知识点，推导公式定理，研究解题方法和思路；课后阶段，完成教师布置的大量数学练习任务。运用这样的教学模式获得的教育结果是，虽然学生的推理与计算熟练度有所提升，巩固了课堂上学习到的数学知识，不过却不具备自主探究、独立思考等方面的技能。所以，如果把我国的学生和国际上一些国家的学生做对比的话，可以看到我国学生的数学基本功通常是非常扎实的，而且在应试能力方面，我国学生的水平也处在较高水平。尽管如此，学生通常不能将实际问题抽象转化成数学问题，不能将学习到的知识运用于实践应用。换句话说，学生机械模仿数学问题，解题的能力强，但是在面对新数学问题时，却常常无法提出有效的解决方法，学生对观察、概括、猜想等科学思维方法并没有多少认识。在这样的情形下，学生在数学学习方面，通常只是停留在浅层次，在求知层面徘徊。所以，利用多元化的教学活动，刺激学生产生求知欲，激励学生主动深层次地开展数学学习，引导学生数学思维的发展，开始被越来越多的数学教师关注和重视。而在具体的教学中应该怎样调动学生求知欲，是数学教育中特别值得深思的一个问题。

一、求知欲的局限与求识欲的概念

数学学习是由浅入深、由表及里的一个动态化学习过程，这个过程是由知到识。通过对当前我国中学教学的整体情况进行调研，绝大部分的学生在求解有操作步骤的数学问题、记忆数学结论等方面并没有存在比较明显的问题，缺少的是解决新问题的技能与思路，不具备良好的创新精神。由此观之，学生的求知欲局限性很强。在数学教育实践中，教师不单要调动学生求知欲，还需要深层次地探讨怎样更好地激发他们的求知欲，将其转化成为持续不断的求知动力。

（一）求知欲的局限

求知欲是学生积极收获知识的一个巨大动力，在推动学生主动学习方面的作用非常显著。与此同时必须看到，求知欲在引导以及刺激学生获得知识的过程中，其自身的局限性也有所显现。

具体而言，在教学环节激发求知欲，能够促使学生产生收获新知的强烈欲望。在欲望的驱使下，学生可以主动丰富自身的知识与技能，记忆更多的数学结论，丰富自身知识量。不过，单纯意义上的求知欲给广大学生带来的仅是知识量的堆积，并非是能力的提升，这样的堆积过程会给学生优化知识体系以及发展创新能力带来很大的局限性。这是因为学生认知结构的发展，需要依靠学生同化与顺应新知识，而这两个过程不单需要记忆新知识，还需要发现新旧知识之间存在的关联，实现深层次的理解知识，从表面过渡到本质，进而将新的知识融入已有的认知结构中，使其不断完善，变成一个全面化的体系。但要想让学生同化，顺应新知识，单纯依靠教师刺激学生产生求知欲是有很大局限性的，想要更进一步地锻炼学生的创新思维，增强学生的创造力，就不能只是依靠求知欲引导了。只要把学生的求知欲唤醒了，学生就会积极主动地收获新知识，但在这样的情形下，很多学生可以做到知其然，但却不能知其所以然，只是记忆了结论，而不了解知识构建过程。如果长时间不能改变这样的局面，学生的思维就会被机械记忆束缚住，形成思维定式，更加阻碍创新发展。

因此，求知欲是有一定局限性特征的，要完成知识学习的全过程，就需要经历从求知到求实的转变，并在求实的进程中把知识融会贯通，将其转化为个人的独特见解以及相应的学习能力。

（二）求识欲的概念

求识欲的内涵是：学生持续性地健全个人认知体系，领悟数学思想方法以及其中蕴含的精神，构建深刻性的数学思维，形成深入理解知识的欲望，也就是不停留在机械性记忆结论和解法，不满足于考试中优异成绩的获取，在学习中能够实现知其然后知其所以然，学习持续不断深入到肌理的欲念。众所周知，授人以鱼，不如授人以渔。前者指的是教师在教学中教授的表述性数学知识。学生对这部分内容的记忆和把握就是知识学习。而能做到这样的事，并且满足这样的要求，就算是学会了求知，也能让学生在近期获得一定学习效果，也就是说，记忆了一定数量的数学结论和一些题型的解决方法，但是学生通常会满足于求出题目结果，提升考试分数，把单纯意义上的求知误会成数学学习的全部内容。但是实际上，后者才是最为主要的，后者指的是学生由表及里、由此及彼地收获知识，把握事物本质，并灵活应用数学知识的方法，是一种求识。方法的获取远比机械性地积累数学知识重要得多，因为机械性地积累与记忆，无法满足学生深层次理解和把握的需求，更不能让学生达到学以致用的境界，也无法让学生完成知识的内化和消化，进而提出个人独特的见解。所以，只有刺激学生产生求知欲，让学生掌握求实的方法，才会促使学生主动探究，加强思考，获得挖掘知识深层含义的意识，将知识转化成为能力，并在解决实际问题中灵活应用，达到深层理解，优化认知体系，领悟数学思想方法以及丰富数学精神，构建数学思维体系，促进终身学习的理想效果。

二、激发学生求识欲的必要性

社会进步的一个必然要求是推动人的全面发展，特别是在当今这样一个知识化以及信息化的新时代，更要实现全面发展，才能让个人价值得到发挥，为整个社会的进步提供动力。不过，人的全面发展并非是一蹴而就的，必须具备诸多条件，而在众多条件中教育是占据最关键地位的支持系统。

（一）社会对全面发展人才的需求说明了激发学生求识欲的必要性

站在社会角度进行分析，随着一系列现代科技革命的实施，整个社会也发生了翻天覆地的变化，而日新月异的社会对于高素质人才的需求显得非常迫切。不管是大量交叉学科的产生还是网络信息技术的大范围推广应用，均促使全社会信息数量激增，说是信息爆炸一点也不夸张。教材上给出的知识成为永恒真理是不可能的，被动性以及机械性的学习与套用知识之人随时都有可能被新知识淹没。因此，全社会的改革进步，要有具备极强综合素质，可以实现与时俱进的全面型人才作为强有力的人力资源支持。所以，为了适应社会需求，教育教学活动不能再局限于概念、结果和技能等非常有限的方面，还有机械性背诵和模仿方面，应该让学生的知与识得到综合进步，尤其是要关注后者，让学生可以主动地分析鉴别知识，并对其进行灵活选择与应用，提出个性化的独特见解，内化成个人的综合能力，只有这样，才会在高速的科技发展与社会进步中不丧失收获新知的动力与能力。在知识迅猛更新换代的今天，知的积累效用非常短暂，但是识的获取却可以让人一生受益。

对数学教育来说，计算机的迅猛进步，让社会中的各个领域与行业对数学产生了依赖，不管是工业还是商业发展都不能脱离数学。因此，全社会对人才数学能力的要求大大提升。社会进步需要的数学能力不单是记忆公式能力、计算能力等，更多的是在数学应用与解决实际问题的能力方面。受此影响，学生不仅要学习数学知识，把握好数学中蕴含的规律，还需要对数学知识内容进行深层次的挖掘，达到融会贯通的层次，并将其转化为个人的数学能力。想要从真正意义上做到这些，需要教师灵活运用多元化的教学方法，对传统教学策略进行创新，彻底调动学生求识欲，培养学生的学习自觉性，让学生可以自觉探索数学中蕴含的思想方法，构建完善的知识与能力结构体系。

站在社会的角度看，社会对全面型人才的迫切需要表明，数学教育关注学生求识欲的培养是至关重要与必要的。

（二）个人对全面发展的渴求说明了激发学生求识欲的必要性

站在个人的角度看，如今只有把个人的全面发展和社会进步相统一，才可以在社会和谐进步中探寻到属于自己的发展与拓展空间，拥有一个展示个人聪明才智的平台，让自己可以一展抱负，实现个人价值。因此，为推动个人的有效进步，个体需得到教师传授的知识，同时也要得到教师在能力方面的培养与锻炼，进而为个体的综合全面发展提供不可缺少的条件，而这也需要教师在教学中注重激发学生的求识欲。

具体而言，把激发学生求识欲作为数学教育体系中的重要内容，可以促进学生创造力水平的提高，还可以激励学生完善学习品质，培养健全人格，形成优良的学习习惯。在学习抽象复杂的数学知识时，很多学生在面对新知之时会有很多的问题，也会存在理解难度大的情况。

假如教师可以在实际教学中关注培养学生的求识欲望，教导学生突破被动接受式的学习方式，让学生可以积极探究数学中蕴含的奥秘，认真体会其中蕴含着的数学思想方法，就可以加深学生对知识的理解，并在学习的过程中引发学生的创造力。与此同时，学习品质在个人全面进步中的作用是不可替代的。在学习环节，很多学生往往会遇到不同的学习难题。在面对这些问题时，是选用刨根问底的探究学习方式，还是浅尝辄止的模糊学习方式，是运用主动探究学习法，还是运用被动学习法，学习态度有差异，那么学生的学习质量以及学习层次也会有所不同。培养学生求识欲可以让学生在探究未知世界时更加自觉和富有热情，使学生主动关注自己无法理解、信服的问题，从而出现强烈的探索与解题的欲望与动力。长此以往，在求识欲的推动下，学生的主动与独立意识就会逐步确立起来，使他们不再甘于接纳现成的数学结果。在遭遇学习中的难题和挫折时，因为有求识欲存在，会让学生坚持不懈，持续性地探索与思考，直到获取胜利。这些是优良品质与人格不可或缺的组成要素。

站在个人的角度看，个人全面发展的要求表明，数学教育关注学生求识欲的培养是非常必要与关键的。

三、让学生体悟数学美是激发学生求识欲的重要方法

通过对当前国家数学教育的现实发展情况、个人全面发展要求、和谐社会进步要求等方面的情况进行分析，我们清楚地了解到，数学教育必须关注学生求识欲的培养工作。对数学教师来说，只是了解到求识欲的重要价值是远远不够的，还要在正确思想理念的引导下，运用多元化的策略，刺激学生求识欲的产生。只有当学生将存在于内心深处的想要深入理解数学知识、健全认知结构的欲望被激发出来之时，才可以为学生探求知识提供动力，将学生的数学学习活动引向深入。要想达成这样的目标，只是依靠外在或者功利性较强的手段是无法达到目的的，只有当教师挖掘数学深层内在价值，让学生感受到了数学的魅力之后，才能收获理想的教育效果。

数学是一门美的科学，它主要表现在简洁美、对称美、和谐与统一美、相似美和奇异美等。只要有数学存在，就会有美的存在。教师在教学实践中，要指导学生加强对数学美的感知、鉴赏以及渗透应用，这样不单能让学生轻松地把握知识，增强审美素质，还可以让学生从多个角度感受到数学的无限魅力与学习趣味，促使学生感知到深层次的数学价值与内涵。在学生感受到数学的趣味与无限魅力之后，就不会再满足于被动的学习方法和结果，而是让数学学习更加深入，探索数学的无穷奥秘。这样，想要持续不断地学习的欲望就出现了，这个欲望就是求识欲。

第四节　数学方法论指导下的大学数学教学

数学方法论是关于数学思想方法、发展规律等的理论，是追溯数学产生与发展过程，对数学方法的适用背景与条件，指其要害，揭其本质，与其所隐的评价与议论。在经历了很长时间的教育实践之后，利用大学数学课程理论与实践分析，对数学方法论指导下的大学数学教学的有关内容展开如下论述。

一、数学方法论在大学数学教学中应用的意义

（一）大学数学课程概述

1.大学数学的教育功能

大学数学教育功能主要侧重的是对学生发展的功能和作用。怎样对大学数学教育功能进行正确的理解，是教育的基本理论问题，同时还是大学数学教师要具备的理论素养。为什么会在大学教育的学科体系中，在各种不同的专业学科建设中，都会把数学作为基础和重点？想要找到问题的答案，大学数学教师应该拥有对数学科学的深层次认识，具备良好的数学观，同时还要把握数学技术和文化教育方面的特点，并全面认知大学数学在高技术人才全面素质方面的功能。

所谓大学数学的技术教育功能，是指大学数学认知与改造客观世界活动中具备的教育意义与价值。数学是手段，是人们在解决科学问题中必须要应用的工具，也就是说，数学具有工具性的特征，其显著表现是一定的技术性，这种技术又有别于其他"实用"技术，具体体现在语言性、计算性、用以抽象的技术等方面。

大学数学的文化教育功能是指大学数学在塑造学生科学素养及社会文化修养方面的功能，包括数学的智育、德育、美育功能等。

2.大学数学的教学目标

（1）大学数学教学需要在学生的成长和发展过程中提供四项重要服务。第一项是为学生后续课程与有关专业课程学习提供服务。因为纵观大学的诸多专业，大量专业课程在学习的进程中都要有数学知识的参与与把握。第二项是为学生思维能力培养服务。数学思维能促使学生深层次地把握数学内涵，让学生可以在数学这一理性工具的支持下，提出新问题、预见新事物、揭示新规律以及革新新方法。第三项是为学生处理与解决实际数学问题提供服务。塑造学生完整数学意

时，让学生可以主动利用数学解决实际问题。第四项是为学生持续性发展与终身学习服务。

（2）大学数学教学要把侧重点放在培育学生以下几种能力上：一是用数学的思想、概念、方法消化吸收工程概念和工程原理的能力；二是将实际问题抽象成数学模型的能力，也就是抽象概括实际问题，使其转化为数学问题再进行解决；三是求解数学模型的能力，具体包含数学计算、推理、论证。

（二）大学数学教学应用数学方法论

传统模式对大学数学教育的影响非常深刻，使大学数学课程的开设和组织实施有过固定化的模式，首先是对数学定义定理进行解释和说明，接下来是对推理进行具体的演练和讲授，当学生掌握了这几部分内容之后，则对学生进行习题训练。所以说，在数学课堂上讲授的内容局限在知识层面，在方法领域涉及的内容极少。所以，可以用关注知识教学、轻视思想方法练习的说法对传统模式的整体特征进行总结，因而无法让学生从中掌握大量实际性技能。在数学问题方面，通常会引导学生学习技能技巧，让学生选用题海战术的学习方法，促使学生把握多种多样的数学题目与解题方法。但是，假如调整这样的教学思路，数学教师从方法论层面出发，对数学理论知识的本质内涵进行深层次的分析与挖掘，让学生了解不同数学知识存在的关系，才能让学生的知识体系得以建构，数学学习趋向于系统化。

人类认知所遵照的规律就是由浅入深，学习作为认知活动的高级层次，也应该受此规律的影响，从表层过渡到深层，从浅层学习到深度学习。在数学这一领域，表层内容包括的是数学中浩如烟海的基本知识与技能，与之相对应的深层内容就是我们如今要探讨的数学思想方法。通过对表层内容进行学习，能够不断扎实数学根基，但是仅有基础知识还是不够的，需要向深层次拓展，那就是学习数学思想方法。真正把握数学精髓，以便真正意义上把握数学这门科学。教师在实际教学中，为了让学生对课程的理解更加深入，需要努力挖掘数学中蕴含着的思想方法，同时也为学生补充很多教材中没有涉及的思想方法内容，使学生可以化抽象为具体，深入领悟数学内涵，实现从表层学习到深度学习的迁移、从量变到质变的巨大飞跃。

在数学方法论体系中，包含大量的数学思想，对这部分内容进行学习与掌握，加大研究力度，使其与数学教学进行深度融合，对于广大师生来说都是宝贵财富。第一，数学教师可以受到数学方法论的启迪，主动地掌握以及应用数学思想方法来改善教学活动，从而对传统教育模式进行变革，结合实际，组织形式多样和内容丰富的教学活动，提高数学教育质量。教师加强对这一内容的把握，能够通过发挥自身言传身教的作用，对学生进行潜移默化的熏陶，促进学生数学核心素养的培育。第二，学生可以把数学思想方法作为自身开展学习实践活动的指导，尤其是在具体的解题环节要用数学思想方法，简化复杂内容，窥得学习之路，提升解题效率与成效，确保创新与实践探究能力的综合发展。

二、数学方法论在大学数学课程教学中的应用策略

数学思想方法具有一定的隐性特征，事实上，它并不是多么的神秘，就在数学知识中。只要善于挖掘知识的深层内涵，从中进行高度凝练和探索，那么就可以掌握它，实现综合能力的迁移，促进数学素养的综合发展。由此观之，教师将数学方法论应用到大学数学教育中，并进行引导和启发，可以促使学生从数学角度出发探究问题，使数学思想朝着深度方向发展。数学方法论是一门有助于数学科学本身研究的科学，所以探索的是数学中的实质性内容，这对于教师做好数学研究，把方法论应用到课堂上，有着重要的指导以及促进作用，也自然可以降低教师的教育难度。

（一）在概念形成阶段渗透数学思想方法

数学学科中包含大量枯燥而又基本的数学概念内容，要想扎实学生的基础，掌握概念内容是关键，但是由于这些概念学习过于枯燥，很容易影响到学生的兴趣以及学习主动性。因此，选用恰当方法，帮助学生突破数学概念是关键。数学概念是用文字进行描述的，从中还会应用到很多数学符号的内容，加剧了概念的抽象性。对概念产生进行分析，挖掘概念的本质内容，可以帮助学生锻炼数学思维，找到概念学习的乐趣。把数学方法论引入概念教学，可以作为一种有效的策略。教师可结合教材特征，利用数学思想方法对数学概念本质进行揭示，帮助学生突破数学概念，学习这一难点。

（二）在数学理论形成阶段突出数学方法论的教学，优化知识结构，提高学生的逻辑思维能力

想要学习并且把握一个陌生的知识点，必须逐步深入，不能急于求成，更不能一味地寄希望于瞬间而成。大学数学知识的学习也是如此。在教学前期阶段，会把难度小的理论教学作为主要内容，其目的在于为接下来的深层次内容的学习打下基础，不会让学生直接接触复杂知识而产生畏难情绪。数学知识之间存在着

内在关联性，也正是因为这样，它们可以构成一个知识体系。利用这样的关联可以帮助学生进行知识体系建构，实现对已有知识的巩固，促进新知识的吸收。

注重在数学理论形成阶段渗透数学思想方法的精华，帮助学生改善和优化知识体系，可以让教师在具体的教学中突破生搬硬套的教育模式，不再让学生机械性地模仿解题方法，也不再让学生产生对数学理论实际不求甚解的态度。相反地，突出数学方法论思想教学活动则可以唤醒学生积极深刻的学习体验，让学生的探究思想被调动起来，也让学生的创新能力以及想象能力得到培养，最终发展学生完善的数学逻辑。

（三）精讲多练，善用数学思想方法总结概括

在数学学习的整个环节中，不进行一定题目的练习，只是在课堂上学习教材中的理论，常常无法保证教学质量。但是，如果数学练习题内容设置过多的话，那么进行知识启发和理论点拨的时间就会减少，再加上目前大学数学课程呈现出逐步缩减的发展趋势，对改进教学质量来说极为不利。为了彻底改变这样的现状，教师要努力做好课前准备工作，在备课中投入更多精力，强调精讲多练可以更好地帮助学生系统地学习数学思想方法。在知识框架体系中，学习数学深层次的内容，在自主探究中把握学习方法与数学思想，最终全面实现学以致用，达到触类旁通的学习层次。这将是提高教学效率以及确立学生主体作用的关键措施。

比如，在教授重要极限后，很多学生没有深层次地加以思考，在遇到问题后会将本来题目凑成重要极限的形式。这样不仅无法达到良好的效果，还会让学生出现思维定式。对此，教师可以指导学生运用类比的数学思想方法进行探究：在变量发生改变时，两极限式中函数变化趋势是否是一样的？假如它们存在着不同，那么不同是什么？又为什么会出现这样的不同？在历经一系列的剖析与研究后，学生很容易找到变量改变是函数变化的主因。学生自主获得这样的结论后，教师可以归纳指导，让学生了解变量改变与函数改变之间的密切关系。在学习完这部分内容后，则专门设置巩固性数学练习题。精讲多练的教育模式，讲授的内容不占主要部分，让学生自主探索和数学练习的内容则占据主体，可以让学生掌握用数学思想方法概括性学习的策略，另外还能促进学生数学思维的深层次发展。

三、数学方法论指导下大学数学教学的教学策略

（一）数学方法论指导下大学数学的教学目的

第一，促进学生一般科学素养提升，也就是可以合情合理地思索，能够清晰

准确地表达思想，并且有目的、有秩序地完成相关工作；拥有一般性的科学常识知识，丰富专业领域的常识，提升辨别真伪的能力；拥有归纳科学态度，对科学有着尊重与热爱之心等。第二，提升学生学习质量，让学生的数学意识、才智、才能、发现与评价等方面的能力得到综合进步。第三，推动学生社会文化素养水平的提高，涵盖拥有科学思想认知和最为基本的逻辑常识，可以遵照正确行为规范行事，善于和他人进行沟通协作；拥有正确价值理念，有着各自的理想与追求，在面对挫折与难题时，能够坚持不懈，不抛弃，不放弃；拥有高尚的思想道德素质、法制意识、审美能力等。

（二）数学方法论指导下大学数学的教育方式

在具体的大学数学教育环节，教师需要坚持将数学方法论作为教育指导，结合教学目标，落实教学原则，再现数学的发生发展过程，整合学生认知规律，发挥大学数学在技术以及文化教育领域的功能，为学生综合素质的全面发展提供服务，这实际上就是大学数学教育方式的简单说明。

要让这样的教育方式真正得到贯彻落实，必须特别注意以下几个问题：

（1）坚持理论联系实践的原则，倡导解决实际问题，增强数学意识，发展应用技能；

（2）揭露数学创造的全过程，对心智活动进行再造，激发数学机制，锻炼创新思维；

（3）灵活选择应用数学史料，创新编制趣闻轶事，科学利用唯物史观的思想，对学生进行洞察力启迪；

（4）介绍生平（数学家的）事迹，分析成败缘由，培育科学态度，增强竞技能力；

（5）把审美教育和大学数学教学进行整合，促使学生领悟数学之美，有效挖掘和利用好大学数学当中的审美元素，找准审美教育的有效切入点；

（6）教学证明和反驳的内容，让学生的逻辑推理能力得到锻炼，同时促使学生用数学思想方法解决实际的问题；

（7）教授猜想与发现，锻炼合情推理能力，习得科学化的思维方法；

（8）教规则、教策略、教算法、教应变，提高综合解题能力；

（9）引导开展数学观察和实验，加深对数学内容的深度学习，掌握建模思想，明白数学和生活之间的内在关联。

　　总之，大学数学教育改革的基础与前提条件是从思想理念上进行转变。首先，教师需要对自身的数学观进行合理化的打造，同时还要坚持正确的教育观、学生观、教师观和教材观，用正确的思想引领教育教学行动。其次，教师要改革大学数学教育模式，把数学方法论的重要原则和方法作为开展教学活动的指导，注重培养学生数学素养，将学生教导成拥有数学头脑的全面发展型人才。

第四章　数学方法论视角下大学数学教学活动创新 —— 数学建模竞赛教学

第一节　大学生参与数学建模竞赛的重大意义

　　近年来，高校教育改革工作如火如荼地进行着，大学数学教育为适应教育改革的浪潮，在课程安排、教材创编、教育手段改革等多个领域也进行了改革和创新。随着信息化时代的到来，大量先进科技的更新换代速度不断加快，推动了很多数学软件的研发与应用，越来越多的人开始在思想认识上进行了转变，并提出数学教学不单要关注演绎、归纳、创造思维等能力的培育，还应该引导学生正确应用数学方法与先进的计算机技术解决实际问题。与此同时，国家和社会对高校创新人才的培养也变得非常迫切。所以，国家高度重视高校教育创新，也因此增加了对大学数学教育创新的期待，并开始探究有效的教改方案。在这样的背景之下，大学生数学建模竞赛模式逐步在大学中迅猛发展起来，并成为越来越多专家学者关注的焦点。

一、数学建模的基本概念

　　为保证数学建模竞赛和数学教学可以更加系统深度地实施，加大二者的研究，下面先从数学建模的相关概念出发进行浅层次的探索与说明。

（一）数学建模的定义

　　假如用简短的语言对数学建模进行定义说明，可以说建模就是把实际问题数学化。在对实际问题进行表述时，通常有大量的方式，出于让表述更具逻辑性、科学性、客观性等要求，我们青睐利用严谨语言进行精准描述，这里所用到的精准和严谨语言就是数学语言。所以，我们还可以用更加严谨的语言，对数学建模进行论述，那就是对客观特定对象出于一定目的，整合特定规律，给出必要假设，之后科学运用数学工具得到数学结构。尽管如此，专家学者没有在数学建模定义方面获得统一。著名的数学家本德在对数学模型进行描绘时，把数学模型叫作被抽象和数学化了的结构。此外，有些专家学者认为，数学模型是现实对象数学化的一种表现。

构建数学模型的过程就是数学建模。数学建模是利用数学化的处理方法，把实际问题进行数学方面的转换，使其变成一种简练严谨的数学表达式，在完成模型构建之后，运用数学方法或者计算机技术对模型进行求解。所以，数学建模实际上就是用数学语言描述实际现象的过程。这里提到的实际现象，包括的内容有很多，如自然现象、抽象数学现象等。此处所说的描述包含外在形态、内在机制、预测、试验等诸多内容的描述。

在整个现实世界范围内，大量的自然与社会科学中的很多问题并不都是用数学形式展现在大众面前的，于是就需要运用数学建模方法，以便利用数学思想方法解决这样的实际问题，降低问题的解答难度，让实际问题的突破不再是难题。我们可以形象地把数学模型叫作桥梁，桥的两边分别是数学和实际问题，在有了这个纽带之后，人们就能运用数学方法解决实际问题。正是凭借这样的优势，让数学建模应用范围逐步扩大，除了用于解决数学问题之外，还应用于解决自然和社会科学中的问题。由于数学建模可以推动技术转化，因而其在科技进步中发挥着不可替代的价值，而这样的价值也愈来愈得到数学界与工程界的关注，如今已成为现代科技人员一定要具备的一项能力。多个科学领域和数学进行有机整合，让各个学科的成就也变得更加突出。例如，力学的万有引力定律、生物学的孟德尔遗传定律等，都属于数学建模在典型学科中应用的代表。

（二）数学建模的步骤

想要用数学方法解决实际难题，一定要借助数学建模这个桥梁，于是完成数学模型构建是解题的关键点，更是难点。数学建模的过程是非常复杂的，期间需要开展一系列的调查活动，需要收集多元化的数学材料，还需要对信息进行统计整理与归纳总结，查找问题包含的内在规律，找到主要矛盾，发掘问题中蕴含的数量关系等，以便顺利完成实际问题转化和数学化解答。要保证这一建模过程顺利完成，必须有扎实的数学根基，有无穷的想象力与敏锐性的洞察力。另外，还需对实际问题的探索研究有浓厚的兴趣以及广阔的研究视野。

科学而又健全的数学建模步骤设置是提升建模质量的关键点，也是我们接下来要重点探究的内容，为数学深层次研究奠定根基。在数学建模时，特别讲究的是灵活性和多样性，所以建模步骤并非是统一的，可以结合实际情况进行增减和调整。下面介绍的八步建模法，事实上只是诸多建模方法中的一个，不过这个方法归纳得比较细致，在实际应用中效果比较突出。八步建模法的具体内容包括：

1. 提出问题

提问是解题的前提，更是成功解题的一半。之所以目前还有很多悬而未决的问题，给人类带来了诸多的疑惑，而且在历经多年之后，仍然没有得到顺利解决，有很大一部分是因为没有提好问题导致的。提出问题是数学建模的第一个步骤，这个步骤的关键要素是明确建模类型和目的。具体而言，在提出问题前，先要对给出的实际问题进行初步的研究，找到与之相适应的问题情境，从而掌握实质，找到解题关键点，得到具体的数学建模目的。

2. 分析变量

分析变量是第二个步骤，要想保证变量分析的效果，首先需要将研究对象包含的量进行挖掘，以便根据数学建模的目的和方法，明确是选用确定变量还是随机变量，分清变量的主要地位与次要地位，忽略很有可能会出现一些较小误差的变量，对于教学模型进行初步简化处理。探究变量间的关联知识时，尤为关键的方法是数据处理，也就是从原始信息中进行数据分析，发现其中隐含的内在规律，做好变量的把握。

3. 模型假设

数学建模的目的决定着数学模型，而模型假设是建模的基础，建模假设强调的是将从表层上貌似没有顺序的实际问题进行数学抽象和数学简化，使其变成具备数量关系的一个数学领域的问题。

模型假设是建模关键，影响接下来工作的开展以及数学建模的复杂性，甚至将直接决定建模成败。确实，事件会受到很多不同因素的影响，但是我们要考虑所有因素是不切实际的，于是只能选择主要因素以及其中的主要矛盾，需要注意数学化和简化处理要在科学化的制度中进行，过度简化会影响模型质量，出现脱离实际的数学模型，那么我们进行数学建模就变成了无用功。因此，把建模对象和目的作为重要引导，合理简化实际问题，用严谨语言给出假设，提升想象判断等多方面的能力，明确主次，且为了让处理方法更为简便，应该尽可能地让问题均匀化与现行化。

4. 建立模型

有了前面的几个步骤后，结合研究对象特点和内部存在着的规律，以模型假设为根基，利用数学工具与理论知识，借助数学方法开展推理，用严谨语言描述对象，进行数学结构体系的构建，就是建立数学模型。我们建立的这个模型的形式是多样的，有可能是一个方程组，也有可能是一个最优化问题。站在简单层面上看，这个环节需要用尽量简单清楚的符号语言与结构，将已然简化的问题展开整体化的表述，只要准确贴切就可以。在数学及其应用方面，通过长时间的积累，已经有了很多概念方法，于是表述模型知识需要尽可能地与已经成熟了的规范相符合，只有这样才能在求解时减少难度，才能把模型进行更大的领域的推广，而不是只是在极小的空间中适用。

5. 模型求解

建立模型并非是数学建模的最终目的，建模的目的是想要让实际问题得到真正意义上的解决。基于这样的终极目的以及建模宗旨，我们在建立好模型后，接下来还需要对模型求解。建立好的模型不同，选取的解题工具与求解方法也不同，通常情况下，可以运用解方程、定理证明、数值计算、画图等传统与现代数学方法求解数学模型。伴随信息技术的迅猛发展，在如今的很多场合下，数学模型要借助计算机数值求解，才可以妥善解决。所以，灵活熟练地利用好数学软件，能够为求解数学模型带来极大的便利，同时也可以在解模环节发挥重要作用。

6. 模型分析

在求解模型后，不能说数学建模过程就完成了，求解是问题解决的基本层次。之所以给出这样的论述，是由于建立模型的整个过程中，只是近似抽象出了一个数学框架，在假设、变量设计、求解等诸多步骤中都忽视掉了一些因素，或者是形成了一定误差，让这个数学模型只是实际问题的近似估计，于是我们获得的结果是一个近似值，也是一个估计，不能说其和实际情况相符，也不能说是实际问题的终极答案。对此，求解后的模型分析是至关重要的，分析中需要预估误差，确定要给出怎样的条件，或者怎样的情境下才可以真实可信，这实际上是我们在模型分析过程中要解决的问题。

模型分析涵盖误差分析、原始数据或参数灵敏度检测、稳定性分析等内容，具体见图4-1。

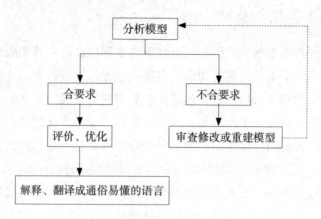

图 4-1　分析模型的简化过程

7. 检验模型

简单来说，检验模型是验证数学模型是否具有普遍应用价值，检验其是否是科学合理的。

检验模型可以分成两类：第一类是实际检验。实际检验就是回归于我们所生活的客观世界，借助实验等实践活动进行检验。第二类是逻辑检验。这是一种在思想方面的检验活动，强调的是找到矛盾，否定已经建立的数学模型，然后看在否定前提条件下获得的结果是否是预期的。一般而言，通常是借助模型分析与某变量极端情形下得到极限的方法来完成。

如果在模型求解之后得到的结果与客观实际差异明显，那么就一定要从优化模型假设方面着手，考虑到可能是将重要因素忽略之后造成的，也有可能是在遍历关系的简化方面没有把握好度。具体可以根据问题出在什么地方和出现问题的原因进行修整，或者是重建，一直到检验模型获得的结果令人满意才可结束。

8. 模型应用

构建模型不是数学建模的宗旨和根本目的，应用才是。只有把模型应用到实际中，并且真正可以为实际问题的解决提供方法，那么就可以非常公平地说明这个数学模型是切实可行的。于是模型应用是必须关注的一个要点，这样不仅让模型的应用范围扩大，还能让它们接受实践的检验，到达更加完善科学的地步。

上面给出的数学建模八步骤，各个步骤间均有着非常紧密的关联，这些步骤是统一化的整体，不可以将它们分割开来，才能更好地在数学建模中合理化使用。

（三）数学模型的分类

数学建模有抽象性、逻辑严密性、结论明确性、应用广泛性等诸多特征。结合数学模型的特点与应用，可将数学模型分成不同种类，下面将对几个主要的分类进行介绍。

（1）按照应用领域，大致可将数学建模划分成生物数学模型、医学数学模型、数量经济数学模型、人口模型、生态模型、资源利用模型等。

（2）按照数学建模的方法，可以把数学模型分成初等几何、微分方程、图论、规划、排队论等模型。

（3）按照数学模型的特性，可将数学模型划分成离散和连续模型、确定性和随机性模型、线性和非线性模型、静态和动态模型等。

（4）按照建模目的，可以把数学模型划分成描述、分析、预测、优化、规划模型等。

（5）按照对研究对象的了解程度划分，可以将数学模型分成白箱模型、黑箱模型、灰箱模型等。

二、大学生数学建模竞赛的特点分析

数学建模竞赛是学生课外科技活动的一种重要形式，将来自客观世界的实际问题的探究当作竞赛活动的主线，强调将学生放在中心地位，秉持推动学生创新力发展的目标。《全国大学生数学建模竞赛章程》对数学建模竞赛内容、形式、规则、评价等方面给出了具体说明，利用多年数学建模竞赛题目、高校组织实施竞赛与学生参赛经验的相关内容，本书从两个方面对数学建模竞赛特征进行归纳表述。

（一）大学生数学建模竞赛弥补了高校传统数学教育的弊端

很长一段时间以来，受传统教育思想的影响，高校数学教育始终是固定化的模式，现在，人们越来越开始认识到传统数学教育的很多弊端。大学生数学建模竞赛活动为传统教育改革提供了有利契机，弥补了其中存在着的诸多弊端，同时也开辟了现代数学教育的道路。可以说，数学建模竞赛是值得在高校数学教育中进行普及推广的模式。

1. 开放性与主动性

传统大学数学教育，选用的教学方法是注入式的，在运用该方法的进程中通常没有关注心智创造，只是把很多数学家的研究成果进行高度凝练，完成之后输送给学生。这一模式严重影响了高校学生科学能力与创新能力的进步。大学生数学建模竞赛活动则带有开放性特征，可以有效打破过去以教材、教师、教室为核心的教育模式，能够有效激发学生活力，发展学生实践素质，支持学生创新思维和创造能力发展的火花。另外，数学建模教学还促进了高校数学教育手段的革新，让大量的计算机设备和有关数学软件技术进行了广泛应用。在很多教学实践活动中，广泛利用现代化教育手段，辅助数学教学，关注学生运用计算机，助力解决实际问题能力的培训，如 Mathematica、SAS、Mathcai 等软件使用，让教育理论和实质不再有不可逾越的鸿沟。

2. 综合性和应用性

数学建模活动有很强的综合性，是一种系统全面的学习训练活动，在课堂中可能会涉及很多数学分支学科，还可能会涉及经济、政治等领域的内容。这样的综合性知识学习，让学生知识结构的系统化建立与发展拥有了良好条件。与此同时，也推动了学生后续课程学习的热情。通过对大学数学建模竞赛的题目进行分析，可以看到这些题目出自社会经济生活和工程技术等领域。比如，2004 年的竞赛题目是电力市场输电阻塞管理；2015 年的竞赛题目是 DVD 在线租赁；2007 年的建模题目是中国人口增长预测。通过对这些题目进行研究，我们可以发现它们都十分贴合当时的社会热点问题，具有时代意义，彰显着时代精神。从本质意义上看，数学建模彰显的是数学和实践之间存在着的内在关联，强调的是理论与实践的有机结合，因而能够改变传统教育模式下理论与实际脱离的情况：学生学习时不了解理论究竟是怎么来的，学完后不知用到何处和如何使用，甚至有些学生觉得学数学是没有用的。我国数学家华罗庚就曾经说过，很多人认为数学枯燥单调，令人无法理解，实际上是因为他们用脱离实际的眼光看待数学导致的。这样的表述不单指出数学教育假如和实际相脱离的话会造成危害，同时还说明了未来数学教育的改革发展方向，那就是让理论和实际成为一个整合体，不再有彼此脱节的问题存在。

3. 挑战性和趣味性

做好数学建模竞赛中给出的题目，对高校学生的知识、技能、思维等多个方面都是一个极大的挑战，也是对学生多元素质的综合性检验，对崇尚竞争和喜爱竞争环境的大学生来说拥有很大的挑战性，与他们的性格特征和身心发展特点相符。同时，通过分析竞赛规则、形式，可以发现竞赛以通讯的形式进行，由三位学生构建一队，在 3 日之内可自由搜集材料、开展研究，可以利用计算机、应用软件、网络技术等，但是不能和队伍之外的人探讨，这些人中就包含指导教师；每队都要完成一篇论文，该论文必须涉及关于模型假设、建立、求解、检验、改进、应用等一系列环节的内容。竞赛评奖标准主要包括建模假设合理建模，具备创造性，建模求解结果准确，表达清晰性。参赛结果没有排名，也不会打分，因而竞赛活动的参与性强，可以促使学生在这样多姿多彩的活动中学习数学，产生成就感以及身心愉悦之感，而不会再认为数学枯燥无味。

（二）大学生数学建模活动是研究性学习在高校数学教学中的体现

在高校教育改革事业迅猛发展的大背景下，研究性学习得到了高校的重视，不管是在理论还是实践领域都对这些内容进行了高度关注。事实上，从很早的时候开始，国外的一些专家就已经开始了研究性学习的探索，同时在这一领域颇有建树，获得的理解也非常成熟。即"数学研究性学习应当是项目驱动或任务驱动的，数学知识的习得、理解与应用都是镶嵌在一种真实的，或近乎真实的项目活动与人物活动之中的，它真正关注学生在数学学习中的兴趣，关注学生已有的知识背景、生活经验对于学习的影响，促进学生在研究中获得对于数学的个人化真实理解，并把学生各方面素质的发展培养作为首要目标"。本书的看法是，大学生数学建模竞赛就是研究性学习的一个重要形式，在数学教育领域有极大的应用价值。下面将从以下几点谈一谈具体的看法。

1. 数学建模是在实际问题与数学知识间搭建起一座桥梁

数学研究对象是思维创造物，这也直接体现出数学领域研究性学习在本质上区别于其他学科。数学的本质特点是抽象化，需要我们认真思索，如何把抽象数学和我们生活着的客观世界统一起来，形成对研究性学习的有效支持。抽象数学和科学客观世界事实上的关联，是一种血脉关联，可以说很多的数学概念与思想方法都可以非常精妙地在现实中表现出本质与话语内涵，而建立科学的数学模型是把握二者关联的关键点。数学建模实际上就是建立在数学和实际问题之间的桥梁，是把实际问题数学化的一种方法，也是真理探索过程中的工具。

2. 数学建模活动体现了数学学习的开放性与发展性

数学研究性学习应该包含数学、研究性学习这两个方面的共有特点。数学影响人类活动，该特征首先决定数学知识拥有拟经验性与经验性。在探索研究性学习知识时不可以固化，应该认真探索数学和实际生活的关联，把数学的活动性、开放性、建构性等在研究性学习中进行渗透，数学建模就拥有了开放性和发展性的特点。

3. 数学建模活动体现了数学研究性学习的本质知识目标

数学研究性学习可以让高校学生在数学学习与理解方面到达更高境界，而不单是培养学生的探索精神与探究性学习能力。我们此处提到的更高境界，应涵盖以下两个方面的内涵：第一，数学内部知识之间拥有完善和谐的联系。第二，数学知识以条件化方式为学生掌握与应用。这两点实际上表现出来的是专家专业知识的高度组织结构化以及知识表征条件化的特点。之所以强调要提高数学建模层次，提升学习境界，是想要让学生在数学实践中，让知识更加系统和组织化，进而将其应用到实际问题的解答中。

三、大学生数学建模竞赛的理论基础

我们在上面的论述中说大学数学建模活动是研究性活动的一种重要形式，更是目前大学数学教育中大力提倡的一种方法，一定要具备相应的理论根据。本书的观点是，探究性学习应该站在学习论的层面上探究其理论基础；作为教师指导协作下的活动，应该站在教学论的层面上探究其理论基础。除此以外，数学建模活动应将培育学生智力，尤其是创新智力当作核心。

1.建构主义学习理论是数学建模教育的学习论基础

建构主义的根基是行为与认知主义，而建构主义理论是在吸纳了大量学习理论之后发展形成的。建构主义从整体角度以及认识论的层面上分析了学习活动本质。虽然建构主义存在着大量的流派，不同流派在研究领域的侧重点也各不相同，但是它们在学生学习方面存在着诸多共识，下面将对其进行简要说明。第一，学习带有主动性的特点，学习过程应该是学生主动完成知识意义建构的过程。而学生在学习活动中，应该主动地获取知识，不能一味处在被动学习的状态，要根据以往的知识经验，完成知识体系的建立。第二，教材并非是数学教育的权威，也不是对于客观世界的准确表征，数学教材只是一种解释，是一种带有可靠性特点的假设。学生不可以过度迷信教材，而是要将教材学习作为基础，在此基础上进行质疑和创新。第三，知识学习中的体系建构并非是随意的，具备交互性与社会性特征。第四，学习过程多元化，出现这一特点的主要原因是数学学习对象非常复杂，而学生的学习态度以及认知经验是独特和个性的，所以每一个学生的学习状态都不尽相同，最终收获的知识技能也有显著差别。

建构主义理论能够为高校学生学习数学提供有效指导。第一，要把建构主义的重要理论观点作为根据，用正确的眼光看待数学，让数学真正成为主体构建获取的结果。第二，学习过程是主动构建过程，应该让学生成为学习主体，以主人翁的姿态投入到知识系统的建构中。第三，建构过程是双向性的，其中一种是学生根据自身已有经验，超越所提供信息获得的意义建构。另外一种是学生利用情景、探究、合作、师生对话、生生互动等方式完成的意义建构。通过分析以上内容，我们能够发现，数学建构主义理论强调，数学学习过程不是被动吸收过程，而是以原有经验为依托完成的主动意义建构。学数学的根本路径是要做数学，只有在数学实践中，才会更好地理解和掌握数学。从上面这些理论与数学建模活动的特征方面我们能够了解到，大学生数学建模活动的实质是在建构主义理论支持下，学生自主学习和完善数学素养的过程。

2. 主体性教育思想是数学建模教育的教学论基础

在长达 20 多年的研究活动中，主体性教育被进行了深入的剖析，因而开始在我国教育事业中提高了地位，获得了快速的发展以及大范围的推广。主体教育是结合社会进步需求和现代化教育发展需要，教师利用启发指导学生内在教育需求，营造优良教育环境，有步骤和合理化地组织教育活动，进而将学生培育成能够有效发挥自身主体价值的独立主体。主体性教育秉持的核心教育观念，就是在一切的教育实践中，始终把学生放在核心地位，让学生在主体地位上扮演好学习主人的角色。这样的教育观有效促进了素质教育的贯彻落实，同时也给研究性学习提供了理论基础。试想，主体性教育没有朝着理想化的方向发展，没有蓬勃进步，在学生完全不具备主观能动性的环境下，研究性学习会丧失意义。以主体性教育观为思想指导，教师在对高校数学教育进行设计时需要将学生作为出发点，以学论教，使学生的主体作用得到肯定，让探究性学习活动可以更好地实施。因为数学建模是高校数学教育中研究性学习的表现，所以也会受到主体教育观的影响，而主体教育观也能指导建模教育活动的实施。

3. 多元智能理论是数学建模教育的智力论基础

加德纳提出了著名的多元智能理论，该理论是在 1983 年提出来的。加德纳为了提出这样的理论开展了非常多的研究，之后提出人的智力是多元化的，每个学生拥有至少七种基本智能，分别是语言、数理、空间、音乐、体能、社交、自知智力。在加德纳看来，不管是哪一个学生都具备多元智能，只是这些智能程度会有所差异，但不管怎样，他们都是拥有优势智能的。在实际教学中，教师可以利用拓展教学内容、丰富知识表征等多元化的教育方法，促进学生以往被忽视的智能的开发，促进学生学习潜能的挖掘。结合多元智能理论，在数学教育中，要为学生提供开放性的学习环境，为学生提供多种多样的学习实践机会，组织多姿多彩的教学实践活动，开发学生的多元智能，促使学生形成优良的个性品质。数学建模学习的主要目标就是推动学生多元智能的发展，其具备的开放、实践、探究的特性能为学生多元智能的挖掘提供有效保障。站在这一层面上看，多元智能理论是数学建模学习的理论基础。

四、大学生参与数学建模竞赛对培养创新能力的意义

（一）对大学生综合运用知识能力的培养

数学建模竞赛中给定的题目来自不同领域，是对社会各领域实际问题进行简化后为学生提出来的，不会要求学生一定要掌握特定领域的专业知识，主要考查的是学生的数学建模能力。另外，题目安排的灵活度高，与数学应用题不同，拥有数学交叉和理工结合的显著特点。所以，数学建模题目的解答不单需要学生对课堂上的知识和建模技术手段进行有效把握与应用，还要求学生掌握以及获取问题的背景知识，站在整体角度探究问题，给出解决问题要使用的工具和方法，考查学生的综合应用素质。以 1994 年的建模竞赛题目 B 来说，题目要求是要如何避免锁具装箱中互开问题。这个问题就来自于我们的实际生活领域，学生在解决问题时可以先进行合理假设，之后，利用组合技术策略获得锁具总数，在这之后把槽高的奇偶性作为归类标准。在其中要尤其强调，顾客一次购买量不可以大于 49 箱，只有这样才会避免互开情况的产生。然后需从概率论角度出发展开探讨，融入平均互开对数的数学概念，衡量消费者抱怨度。

（二）对大学生创新能力的培养

数学建模没有标准化的格式，也就是说我们可以在解决实际问题的时候，运用不同的建模思路，哪怕这个问题是同一个问题，也能选取不同的解决方法。数学建模竞赛题来自自然与科学领域中被简化的问题，灵活性和开放性强，能让参赛学生的创造力得到有效的展示与发挥。比如，1996 年数学建模竞赛 A 题的内容是可再生资源的可持续性发展与利用。单纯从这个题目来看，可以在科学恰当假设提出后，借助微分方程建立鱼群演变规律的模型，但是方法并不是只有这一个，除此之外还可以建立能持续性捕捞的总产量最大模型等。再如，1997 年数学建模竞赛题目 A 是关于机械工程设计中零件参数的问题。这个问题可以用田口法建模，当然也可以不拘泥于单一化思路，用非线性规划思想建模，或用动态规划思路建模。在这样的建模竞赛活动中，学生开阔了视野，同时还进行了创新能力的锻炼，是培养学生创造性思维的有效策略。

（三）对大学生抽象思维能力的培养

数学建模来自我们熟知的社会领域，而且这些问题经历了初步简化，因此没有恰到好处的条件，可能会缺少一定的条件或数据，也有可能会有多余的条件。这就需要学生结合对象特征与建模目的，深层次地确定问题，对给定的条件和数据进行研究，并用数学化的方法处理实际问题，发现参数和变量，把数学语言作为表述性语言。深层次明确问题的依据是对问题内在规律的认知，或对数据现象的深层次分析，或二者的交叉。所以，想要做好这方面的工作，学生一定要发挥自身的洞察力和想象力，辨别区分问题主次，找到主要因素。在深层次确定问题的前提条件下，利用数学语言对所确参数与变量实施表述，就是构建变量间关系，探究怎样让变量间关系的语言表述和表达式一致。所以，这一工作要考查的是如何完成现实问题到数学问题的具体转化。这一步骤的完成需要学生有很强的认知力与抽象思维力，可以将感性认知上升到理性层次。比如，1992 年数学建模竞赛题 A 的建模内容是分析施肥效果。在这个问题中，列举了大量观测数据，因而学生要对数据加大研究，进行必要性的简化，之后再建立三元二次多项式回归模型。再如，1999 年全国数学建模竞赛题 A 的题目内容是刀具更换策略。这个题目中给的只是一百次刀具寿命加工量和费用的数据，要找到更换策略，首先要探讨刀具寿命产量，从而得到刀具寿命产量分布密度和函数。由于加工刀具有可能会出现故障，但也有可能不会出现故障，因而这涉及的是随机事件问题，因此简化问题显得非常必要，以便建立费用函数模型，获得刀具更换模型。

（四）对大学生使用计算机（包括选择合适的数学软件）能力的培养

求解不同的数学模型，常常用到的是各不相同的学科或知识，与此同时，很多建模求简的过程以及运用到的运算方法是非常复杂的，有些还需要在求解的同时了解运行趋势。为了解决求解中的很多难题，现代科技的发展，尤其是计算机技术与数学软件的出现，如 Mathematica、SAS、Mathcai 等为数值计算以及模型求解提供了良好条件。比如，1996 年全国数学建模竞赛题 B 给出的题目要求是和节水洗衣机相关的，不管是构建规划模型还是非线性模型都要利用计算机程序进行处理分析；1995 年数学建模竞赛题 A 是和飞行管理有关的建模题目，要运用计算机模拟，保证解题有效性。

（五）对大学生自学能力的培养

数学建模教学通常选用的是启发式的教育模式，最终设置的课程大多是数理统计、数学软件的应用等时间短的课程，甚至是直接用知识讲座的方法进行简要教学，强调要依靠学生自主学习；数学建模竞赛培训环节，指导教师为学生提供的方法指导，也通常局限在一种方法、一个实例方面，学生要通过自学的方式从点到面，自行拓展与延伸。在这样一个数学建模的学习过程中，可以充分激发学生的主动性，同时还挖掘了学生的内在潜能，对学生的自主学习能力和自学意识进行了培养。

（六）对大学生撰写论文和语言表达能力的培养

数学建模的成果通常是用书面表述的形式，也就是书面论文呈现出来的。假如学生建立了有用并且完善的数学模型，但是却无法清晰地表达结论，进而难以让人信服其价值的话，那么就白白耗费了时间和精力。于是，学生需要提高语言表达能力，运用更加准确合理和富有逻辑性的语言进行表述，让数学模型的价值被认识。竞赛专家评委时间紧、任务重，如果在他们对参赛者的论文进行阅读时，无法在十分钟之内触动他们，有 80％ 甚至以上的机会会被淘汰。因此，在组织数学建模竞赛的过程中，学生可以借助这一平台锻炼论文撰写的能力，为他们语言表达以及书面表达能力的提高提供平台，让他们的终身学习能力得到培养。

（七）对大学生合作精神与协作能力的培养

数学建模教学活动以及活动实施通常是利用分组探讨的方式开展的，也就是以小组为单位进行协作、探讨的学习活动。在教师质疑答疑以及耐心的辅助下，学生以小组为单位报告、探讨和辩论。每一个学生都是独立的个体，优势和长处各不相同，所以在交流合作中能实现优势互补，取长补短，在交流协作中领略合作精神的价值，发展团结协作和互动交流能力。

五、大学生参与数学建模竞赛对高校数学教育改革的意义

开展数学建模竞赛活动，不仅有助于大学生综合素质的提高，还能够发展他们的创新素养，更为关键的是竞赛活动的实施和大学数学教学改革存在着相辅相成的关系。本书的观点是，高校数学建模竞赛对于数学教学改革有着极大的推动作用，具体体现在：

（一）推动高校数学教学体系的改革

站在数学思想的层面上看，培育大学生数学素质能力需要包括以下两个方面：第一，利用分析运算或逻辑推理等方法，可以准确迅速求解已建立完整的数学模型。第二，利用数学符号语言和思想方法，抽象化地总结研究对象的规律，建立和数学对象相应的模型。几乎所有的传统数学教育都会将侧重点放在第一个方面，

而在引入数学建模之后，给后者的训练提供了重要路径，同时这样的操作也是对原有教学模式的改革实验。

（二）推动高校数学教学与数学课程的融合

数学教学和课程融合发展是一种最佳的数学教育形态，也是保障学生长足进步的有利条件。结合现代教育论的认识，教学过程是师生共建课程的过程。所以，建模教学必须要让师生作用得到充分的发挥，发挥教师的主导作用以及学生的主体作用，保证师生互动和生生互动的开展，让交互性的学习活动在教学中占据主体，利用合作探究与交流沟通的方式解决实际问题。在这样的教学模式下，学生可以选择自主学习、实验学习、合作学习等不同的学习方式，让学生的兴趣得到培养，同时也能让学生的问题发现与解决能力得到锻炼，彻底改变过去教学和学习相脱离的局面。所以，数学建模活动的实施促进了数学课程和教学融合。

（三）推动现代教学理论与实践的结合

目前，我国教育领域中的主流教学具有理论和实践脱节的情况。在引入数学建模教育活动后，能够让脱节问题得到显著缓解。首先，数学建模学习活动是促进教育理论转化成为实践的最佳方式。在实际数学教学中，在有了明确目标后，运用科学化教育方法，对学生施加积极影响，可以有效推动学生为目标的达成不懈奋斗，进而到达成功彼岸。伴随着国家教育事业的发展，我国在教育理论的研究方面也获得了长足进步，其中一个重要的研究结果就是明确教学，最终目的是促进学生全面发展。在此处，发展的内涵是学生的主体性发展。但是，在教学理论中，如何有效确立学生主体地位还没有一个合理有效的模式作为指导。数学建模可以有效弥补这一不足，让数学教学朝着现代化的方向改革，也为学生主观能动性的发挥打造了平台。其次，数学建模教学是一种新形式活动，能够给教师提供学习应用现代教育理论的机遇，让教师能在正确理论的指引下优化教学实践活动。从整体上看，数学建模是有助于教学理论和实践整合的。

（四）推动高校数学教学方法和手段的改革

数学建模竞赛和建模教学在高校教育中正在不断地普及，在这一过程中显现出来的优势作用也在凸显，促使越来越多的教师打破传统模式束缚，有效引入数学建模，对学生开展数学综合素养的培训。数学建模训练过程中的课堂讨论式教学，对于促进大学人才培养模式的创新变革有着很大的促进力量。

第二节 当前大学生数学建模竞赛与教学问题

号召学生报名参加全国大学生数学建模竞赛，让他们力争上游，在竞赛中收获满意结果，同时改革数学教学，增大建模教学效果，成为越来越多的高校近年来努力奋斗的目标。但是在总结成绩的时候，我们一定要树立清醒的头脑，客观发现建模竞赛与教学中出现的问题，只有对这些问题进行了深刻认识以及归纳，才可以在接下来的实践活动中，探求到解决问题的方法，让数学建模活动朝着更好和更健康的轨道前进，这也是本文想要着重探究的内容。在对部分高校历年参与大学生数学建模竞赛的经验教训进行了归纳之后，本书从学生、教师、教学、学校管理和组织这几个方面着手，分析了竞赛和教学中反映出的问题。

一、学生能力方面的问题

数学建模活动有着极强的创造性，和纯粹数学问题相比，十分接近我们的生活。数学建模给出的题目在文字表达上非常具有生活气息，题目长且数据多，不过数量关系是隐秘其中的。因此，要让学生解决好数学建模中的问题，对学生能力的考查非常严格。但是，很多大学生在学习能力方面是存在很多欠缺的，因而在参与建模活动中也显示出了比较明显的问题。

（一）缺乏良好的思维品质

要想成功地解决数学建模问题，就一定要有完善的思维品质作为强有力的思维支持，如创新能力、好奇心、意志力、分工协作能力等。但是，一部分大学生根本不具备良好的思维品质，有的虽然具备这样的品质却不够完善，在建模问题探究中常常不具备强烈自信心。数学建模竞赛参赛过程是三日三夜，在这相对较短的时间中会让学生遇到多种困难。只要是曾经参与过竞赛的学生，几乎都有困惑、迷茫、兴奋、激动等非常极端的情绪体验。整个竞赛活动不单考查了学生的建模能力，更加考验了他们的思维品质。所以，缺少优良思维品质是导致学生在竞赛中无法获得理想成绩或者建模学习成果不显著的主因之一。

（二）缺乏数学阅读能力

数学建模问题中，通常包含着大量其他学科的术语名词，如纳税率、折旧率等。这些名词术语的专业性很强，甚至有很多是大学生以前根本没有听说过的，所以他们常常在阅读题目时，不能掌握题目的含义，也因此无法完成数学模型的构建。数学阅读能力是学生解决建模类问题必不可少的条件，假如不具备良好的数学阅读能力，就一定会在数学建模活动中遇到阻碍，甚至遭受失败。例如，学生在分析题目给出的信息时，很多信息和表述是打乱顺序的。同时，也不会直接地给出问题的核心内容，而是加入大量的干扰因素，所以有很多学生无法通过自身的有效阅读读懂题目；学生在加工题目中的信息时，因为阅读能力受限，很多学生只能片面地把握问题，而不能从宏观角度出发；在对题目中的有效信息进行归纳提炼时，因为学生不具备良好语言转换力，所以常常不能把实际问题与数学模型有机整合。

（三）缺乏把实际问题数学化的能力

数学模型问题呈现的形式很多，有函数、方程、图形、概率统计等多种形式。对于某个具体实际问题而言，要判断该问题和哪些数学知识有关联，又选用怎样的数学解决方法，是学生认为非常困难的地方，甚至有一种无从着手的感觉，这实际上是学生缺少实际问题数学化能力的表现。

（四）缺乏处理数据的适当方法

实际问题中，有部分数量关系是不够确定，或者是复杂度很高的，很多学生不知应该把哪个数据当作思维起点，于是会觉得手足无措，无法顺利找到解题突破口，丧失自信心。

二、教师素质方面的问题

数学建模竞赛活动、数学建模教学都要有教师的广泛参与，而且教师发挥的作用具有不可替代性。此时，教师已经不再是教授理论知识和实践技能的师长，而是成了以上实践活动中的指导者、组织者、参与者、咨询者。数学建模实践活动不单为学生的主体性与创造性学习提供了平台，促进了学生的综合全面发展，还给教师的专业化成长搭建了舞台。建模活动是否可以获得理想成效，在很大程度上是受教师综合素质影响的。就是在素质能力方面仍存在不足，主要有以下几点。

（一）教师的教育教学观念有待更新

思想是行动的先导，错误的教育理念无法为有效教育活动的实施提供指导。目前，很多数学教师在教学理念上非常落后，已经形成了过度固定和僵化的思维模式。这就要求教师突破思维定式，做好观念更新。

（1）从传统教学强调知识核心的思想观念转化成以知识、实践并重为核心的思想。让学生经历做数学的过程，经历再创造的过程，进而从中收获数学力量，推动学习与数学应用。

（2）从传统教学强调以教师为中心转为以学生为中心，也就是落实生本教育观念，让学生会学，也让学生的创造能力得到培养和锻炼。传统教学特别倡导的是要维护教师师道尊严，因而过度强调教师的作用，没有尊重学生的主体地位。在当今的建模教学中，应该将师生放在平等的地位，师生用平等的关系投入问题的解决中，教师发挥对学生的直言与帮助作用，让学生的自主性与探索性学习更加高效。

（3）从只是侧重结果到关注学生学习过程中收获的情感体验以及树立的价值观；从过度重视逻辑思维，到兼顾直觉思维。

教育观念更新并非是一蹴而就的，必须经历相对较长的时间，而高校的很多数学教师还没有改变以往的观念，所以在思想层面上就和数学建模活动的实施相背离。因此，想要发掘教师在建模活动中的巨大能量，首要条件就是促进教育观创新。

（二）教师的知识体系需进一步拓展

数学建模学习要满足的标准是开放性、自主性，这样的要求让很多教师遇到了挑战，也显现出了在能力与知识积累方面的不足。数学建模竞赛给出的题目并非来自某一固定的领域，而是来自社会生产生活的方方面面，不仅有数学领域的深层次知识，还有化学学科的很多交叉性内容，如果不能完善知识体系的话，那么就无法适应建模竞赛的要求。教师需要逐步挖掘原有知识系统，拓宽个人的知识领域，开阔眼界，才可以真正在建模教学中拥有发言权，才可以保证建模活动的合理化与科学化组织。现在，有很多教师正不断完善自身的知识体系，不过涉及的范围非常狭隘，只是数学学科的内容，本身就达不到数学建模的要求，自然也难以给学生提供正确的指导。但是我们也知道，不管是谁，想要完全掌握所有领域的所有知识是不可能，而我们在此强调的是，教师要尽可能地扩大知识体系，并不是无理地要求教师要涉猎所有内容，而是在关注数学前沿知识的同时，了解一些其他学科的新知识，特别是熟知很多学科的要点梗概，关注热点问题，这对教师优化教育指导大有裨益。

（三）教师的创造能力和科研意识有待提高

每一个数学教师都有着各自的能力系统，在该系统中创造性至关重要，所有教师都需要结合特定内容、环境等对教学进行计划以及有效落实，还需要在客观公正的前提条件下，提出评价以及调整方案，并完成反思。高校数学教师对大学数学教材是非常熟悉的，也特别精通教材教学的方法，但一旦涉及新兴数学模型课程，他们就显现出了很多的问题。数学建模课程和竞赛产生和发展时间较晚，还处在摸索阶段，不具备很多现成经验，同时也常常会遇到很多不能预估的问题和障碍。那么，教师要坚持从实际出发，立足教学实际，重视学生在学习过程当中反馈的信息，调整教学策略。教师一定要锻炼自身创造力，突破原有的牢笼，不再运用过度僵化的套路。

数学建模活动是一种微科研形式的实践活动，开放性以及形式的灵活性非常显著。只有当教师不断提升科研意识，才可以在科研领域方面获得更高建树，才能利用科研能力对学生进行启迪教育。但更多的教师会受传统思想方法的制约，以教材内容为纲，会有意识地掌握教材中的很多难题，对教材教学方法进行改进，却不注重反思教学行为，也很少会在科研方面对学生进行训练与引导，使学生在查询信息与撰写论文时遇到很大的难题。

（四）教师需要自觉转变教学过程中的角色

受传统理念影响，教师开展的一系列专业实践，往往被当作学科内容知识、教学论、心理学原理、技术运用过程。近年来，创新型教育观念要求教师要成为一名优秀的研究者和反思者，鼓励学生参与学习研究，因而促进了教师角色的转变。教师不再一味固定化地获得单一化的专业知识，而是在研究中不断地生成资源。数学建模学习的特点，决定教师要扮演好组织者、参与者、支持者等诸多角色。教师承担的职能也发生了转变，教师要努力建构概念框架体系，结合教学内容，营造教学情境，指导学生掌握一定的探究和学习方法，并对学生的整个学习探索过程进行监督与指导。另外，教师需要从关注知识教育，转变成关注学生主体作用的发挥，使教师职能发生根本转变。教师职能是在理论与方法方面为学生提供指导支持，但是在这些方面，很多大学数学教师远没有达到这样的水准。

（五）教师的敬业精神需要加强

假如说大学生参与数学建模竞赛活动要有坚强意志力的话，对学生进行赛前指导和培训的教师要承担的压力和付出的辛苦是更大的。数学建模与传统教学差别很大，要求教师对指导的内容进行合理组织与处理，以期获得较为满意的指导成效。根据日本学者实验，"发现学习"比"系统学习"花费的时间要多出 $1.3 \sim 1.5$ 倍。而布鲁纳也特别强调，学生不可能只是单凭发现法去学习。数学教学中并非所有内容都可以利用探究法完成组织和实施，教师必须把握时机，精心选择具有挑战性、趣味性，并且能让学生在探究中收获成就感的材料开展探究性活动。所以，为保证建模教育水平，教师必须敬业和奉献，并用自己的崇高精神感染学生，在潜移默化中施加积极影响，达到润物细无声的效果。大量的高校实践已经证明，只要是在建模竞赛和教学领域拥有累累硕果的高校，背后肯定拥有一支具备敬业和奉献精神的教师团队。但如果教师在教学中功利性色彩过于严重，只是想要保证自身利益不受损害，在自己的工作中不加强投入和不用心的话，会让建模活动质量受到不良影响。

三、教学实施方面的问题

参与数学建模竞赛的目的并非只是从中获奖，或者是获得优异的成绩，更为重要的是可以利用这样的参与活动体验，推动高校数学教育改革，让学生整体都可以在能力和素质方面获得提升。本书的观点是，在如今的高校数学建模教学活动中，以下两个问题值得关注。

（一）大学数学建模教育在高校中的普及性不够

随着时间的推移，数学建模教育在高校中的发展和普及范围很广。从整体的角度上看，大部分新出版的数学教材都为了满足竞赛要求进行编写，因而教材难度大，涉及内容和领域广，而且不管是难度还是范围都已经远远超出一般大学生可以接受的水平。现如今，高校教育大众化的程度在不断提升，为适应这样的大众化要求，也为提升学生全体的数学综合素养，全国工科数学教学指导委员会会议给出的指导建议是，要在高校中推进数学建模的普及性教育。李大潜教授也多次在全国性会议中提倡推广数学建模普及教育，促进学生整体应用能力与创新能力的进步，推动数学建模竞赛活动的顺利有序实施，并且告诫一些院校为数学竞赛而忽略学生实际的教育形式是不可取的。因此，数学建模普及教育是数学建模在高校教育中发展的必经之路，如开设数学建模选修课，激励学生跨院系、跨专业组队，大力发展数学建模社团等。

（二）数学建模思想在高校数学课堂教学中渗透的力度不够

数学建模不同于传统数学教学，对学生的综合技能锻炼也各不相同。学校开设数学建模的选修课，建立专门的培训班在培养学生综合思维能力和数学素质方面发挥了非常关键的作用。

但是，这门课程的设置课时少，参与活动的学生数量也是非常少的，要让整个大学生群体综合素质得到发展，培育复合应用型人才，要注重在课堂教学中渗透数学建模思想，也就是将数学建模和传统教学进行结合。要促进建模竞赛与数学教育改革的高度整合，如怎样科学设置数学基础课内容，适当加入建模知识，做好基础课与建模课的衔接；怎样将建模课与建模赛前培训进行衔接，利用建模课程传授建模知识，锻炼建模能力，渗透数学应用意识，为数学建模竞赛输送综合素质过硬的参赛选手；怎样做好建模竞赛后的继续教育工作，利用经验教训总结反思，对数学教育改革起到引导性作用。因此，怎样在大学数学教学中渗透建模内容，是之后数学教育改革活动需要重点努力的一个方面。

四、学校组织与管理方面的问题

从学校组织和管理的角度上进行大量的研究，我们发现了以下问题。

（一）部分高校对数学建模活动缺乏足够的重视和支持

数学建模教育不是数学新课，是教育理念的一个转变，影响到创新型人才的培养，也关系到国家与社会的发展。这不单要有广大师生的投入和密切配合，还需要得到学校方面的支持与帮助。学校领导对数学建模的重视可以使各项教育活动的开展更具动力，也可以刺激教师激发潜能，生成更大的创造力。即便是有一些高校在条件设施方面相对较差，那么出于对数学建模教育的重视，也会创造条件，克服难题；但如果学校并不认可建模教育，即使设施条件方面都处于一流水平，也不能把这些资源的潜在价值发挥出来，让建模教育顺利发展。通过对近年来很多高校参与全国性数学建模竞赛的状况展开分析，有很多高等院校是特别关注数学建模教育的，并在资金、设施、政策等诸多领域给予保障。与此同时，建模培训教师始终拥有着很高的热情，学生参与竞赛活动的积极性强，一些学校连续多年获奖。很多学校虽然不具备雄厚的师资力量，各方面的教育条件也比较落后，但是因为在数学建模方面重视和投入很多，所获得的成绩也是令人瞩目的。在看到喜人成绩的同时，我们也了解到，有些高校不重视数学建模教育，在这一消极思想的影响下，广大教师不能发挥潜能和创造性，更不用说对学生的科学化引导了。在全面推行创新教育的大背景下，数学建模教育作为创新教育的形式，拥有很大的前景，需要学校方面给予支持和帮助，还需要政府有关部门加大支持力度。比如，革新考试制度、设置专项资金、推进数学实验室建设等。

（二）少数学校在数学建模竞赛的组织中存在功利意识

数学建模教育以增强学生主体探究性以及培育创新精神为重要目标，要求大学生提出的研究成果要具备科学性。而从建模教育评价体系的构建情况上看，把关注点放在学生参与研究过程、建模学习，特别是建模竞赛上，不仅扩展了知识获取渠道，还在知识探索进程中，促进了问题意识的产生，让学生全身心地投入实际问题解决方法，进而让学生的学习策略发生翻天覆地的转变。不过，部分学校目光比较短浅，并没有关注建模教育可能达到的长远效果，功利性色彩非常严重，只是想让学生在建模比赛中收获满意成绩，把建模竞赛当作是全国性学科竞赛，想要运用这样的方法扬名，进而滋生了部分教师为保证学生可在竞赛中得奖，对竞赛题目包办代替；有些学校不关注日常建模教育，只是在竞赛前集中培训参赛者，而选取的学生都是尖子生，让建模竞赛成了尖子生专利，严重背离竞赛初衷；部分学校存在着敷衍应付的情况，只是为了在检查中合格，临时为数学建模制定几套制度，在经历过检查之后就把这些制度束之高阁，完全不会在今后实施。从长远上分析，数学建模教育在高校教育发展方面的功能是非常突出的。我国传统高校教育封闭性强，数学建模教育将会给高校从封闭走向开放提供突破口，让学校以及广大师生拥有更大的发展空间。

（三）学校缺乏规范的制度建设

制度建设是确保数学建模规范化进行的前提条件，可以起到约束教育行为的作用，保证数学建模教育朝着规范化方向发展。但是，绝大多数的高校还没有针对数学建模教育制定制度，或者制度条款中存在很多的空白点，导致建模竞赛或建模教学活动出现不同程度的问题。所以，制度建设应成为高校教育管理的重点，尤其是要明确以下几点。

（1）制度建设原则：数学建模活动开展需要大学生重视贴近实际和有价值问题的解决，也要求教师创造性和主动性地给予指导。所以，制度建设要有助于师生整体创造性与主动性的发挥。

（2）制度制定基本策略：针对数学建模教育的制度应该立足高校实际进行设计和完善，先有设计，然后分项目制定具体条款；先简明扼要地给出要点之后，再对其进行逐层完善；先单项后综合。

（3）具体制度制定有以下几个方面。

①整体方面制度。要以能够统领数学建模教育整体制度作为宏观层面上的约束，而这个整体制度也是其他相关或具体制度建立的根据。包含数学建模教育指导思想、目标、原则、体制、组织机构、分工等。

②教师指导制度。对指导教师要担当的职能和承担的工作任务进行规范与要

求，具体要包括职责、工作量、奖惩制度、指导分工等内容。

③学生参与数学建模活动的制度。此项制度建设的目的在于激发学生投入建模活动的主动性，保证给出的制度条款拥有可操作性，如怎样申请参与竞赛、怎样参与建模培训、参赛期间补助等。有了制度条款作为激励与规范，学生在建模实践活动的参与中，不仅具备自主权，还承担规定义务，使学生能够掌握权利与义务关系的合理处理方法。

④关于实验室等的使用制度。数学建模活动让学生活动的空间范围得到了拓展，从教室到了其他场所，要有更为集约丰富的共享资源，因此需要对图书馆、机房等的使用制度进行制定与规范。例如，假如学校有条件的话，应该给建模活动提供必要的计算机设备，同时对机房应用时间给出规定与安排，给学生提供便利。

第三节　大学生数学建模教学策略的分析构建

要想建立大学生数学建模教学策略，应该把着力点和起始点放在选题上，关注学生建模思维与能力的培育，建立科学高效的建模教育模式，让立足学生个体差异贯彻分层教学。

一、大学生数学建模教学选题的原则

数学建模教学效果和题目选择是否合理恰当有着非常紧密的关系。可以应用的数学建模材料有很多，专门针对数学建模教育的教材非常丰富，但是不管选择了怎样的材料与教材，都一定要结合实际情况适当取舍。建模教学选题应该严格遵照以下几项原则。

（一）价值性原则

选择的题目必须要有研究价值，要么是解释了实际问题或数学现象，让人们能在认知方面获得收获，要么可以使学生的思维和能力得到锻炼。比如，开放性问题、实际应用题等。具备研究价值的选题还要有开放性，同时在角度定位、目标确定、切入点确定、过程安排、方法选择应用等多个方面都必须机动灵活，且能够展示学生、教师的特长，并让师生拥有才干发挥的充分空间。假如数学问题和现实有很大距离的话，会给人一种乏味单调以及难以理解的感受，因此建模选题要有生活气息，来自学生熟悉的生活中，来自他们的亲身经历中。选题尽量要有时效性特征，要选择可以直接形成对科技进步、经济建设或生产生活学习有价值的题目，让建模题目能在思想方面彰显时代精神。

（二）以问题为中心原则

正所谓学贵有疑，思维产生的起点就是问题。而研究性学习是围绕问题开展的一系列学习活动。那么建模题目在内容选择方面，必须把问题作为中心。设计的选题可以是从教材中延伸而来的，可以是从课外的一些数学材料中获得的，可以来自单学科或跨学科，可以是偏向生活实践的，也可以偏向学术。问题的提出，为学生开展研究性学习提供了根本载体。在给学生展示建模课题之后，会为其营造问题情境，这个情形就需要让学生运用自身已有知识经验探寻深层次的解题特点。利用建模方法解决实际问题的过程，和思考问题息息相关，因此选题要拓展学生的思维空间，让学生有足够的发挥机会。在建模问题中，涉及的条件内容应该是隐藏其中的，给出的其他资料要是原始资料，如电视杂志中的直接新闻信息，可以是政府报告，也可以是统计资料等。

（三）客观可行性原则

选择的建模课题，应该和学生的生活实际相符，与学生的认知水平、素质能力层次等相协调，并且是通过学生积极探索就可以解决和突破的，增强学生的参与性，延伸学生的思考探索空间。此外，选择的建模课题必须要适应课题实施现有的客观条件，如经费、设施、文献素材、社会资源等多个方面，同时还要涵盖教师指导素质等。

（四）趣味性原则

数学建模选题要和学生的兴趣爱好相符，以便激发学生认知兴趣，同时这些内容要让学生足够熟悉，显示他们常常会在学习生活中关注的内容，如经济生活领域的热点话题。建模选题要拥有清晰的知识背景，且学生在相关领域具备一定的知识经验；涵盖的知识内容尽量处在学生的认知范围中，让学生跳一跳就能够到和解决；建模问题解答要应用的方法工具不能过于综合和复杂，结论应该是简单的，带有明显的趣味性以及可拓展性。不能一味追求复杂，否则会显得不切实际，而且有很多问题是目前很多专家学者正在研究但却悬而未决的问题。这些课题的研究价值很大，同时社会意义也非常突出，但是很显然和大学生的认知层次是不符的，更是学生当前无法完成的内容，甚至会让学生认为建模学习难度过大，从而丧失自信与兴趣。事实上，我们特别注重的是学生在建模学习中的学习经验和在研究环节是否开展了反思以及客观合理的自我评估，是否促进了个性的健康发展，而不是一味地关注研究的结论，也就是不能以成败论英雄，要让学生的研究热情得到保护和放大。

二、大学生数学建模思维意识的培养

数学的功能主要有两点，分别是培育逻辑思维和提高学生利用所学知识解决问题的能力。一个是思维培养功能，一个是知识应用功能。传统数学教育的侧重点是培育数学思维，丰富理论知识，而非后者，这样造成的一个后果就是学生积累了大量的数学知识，不过只是局限在纯粹化的数学理论上，他们不会甚至根本不知道要怎样运用自己学到的这些知识解决问题，培育出的学生高分低能。所以，在大学数学教育中，教师应该主动凸显建模思想，结合传统数学课程内容，在教学环节渗透和培育建模思想，从不同的角度和细节出发，适当穿插和渗透与建模有关的知识，实现对学生建模素质全方位和多角度的培育，加强对学生的思维熏陶，让学生的综合建模素质得到提升。

在大学传统数学课程教学中，教师要关注以下几项内容：

（一）通过数学定理的应用使学生体会数学建模思想

例1：应用零点定理的数学模型。

方桌问题：适当变换方桌方位，是否可以把方桌放得平稳？

1.模型假设

（1）方桌是规则的（四条腿一样长，桌脚与地面接触处可视为一点，四角连线呈正方形）；

（2）地面是连续曲面（没有台阶）；

（3）"放稳"仅指四脚同时着地；

（4）桌腿足够长，并且相对桌脚的间距和桌腿的长度而言，地面是相对平坦的，使桌子在任何位置至少有三只脚着地。

2.模型建立

中心问题是借助数学语言将桌子四脚同时落地的条件与结论进行表述。

首先，用变量 θ 表示桌子的位置。桌角连线呈正方形，以中心为对称点，正方形绕中心的旋转角度这一变量表示桌子的位置。如图 4-2 中桌角连线为正方形 $ABCD$，对角线 AC 与 x 轴重合，桌子绕 O 点旋转 θ 角后，正方形转至 $A_1B_1C_1D_1$ 的位置，所以旋转角 θ 表示了桌子的位置。其次，把桌脚着地用数学符号表示。如果用某个变量表示桌脚与地面的竖直距离，那么当这个距离为零时桌脚就着地了。桌子处于不同位置时桌脚与地面的距离不同，所以这个距离是桌子位置变量 θ 的函数。

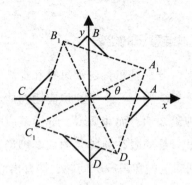

图 4-2　把方桌放平稳的数学模型

虽然桌子有四只脚，因而有四个距离，但是由于正方形的中心对称性，只要设两个距离函数就行了。设 A、C 两脚与地面距离之和为 $f(\theta)$，B、D 两脚与地面距离之和为 $g(\theta)$，且 $f(\theta)$ 和 $g(\theta)$ 均大于等于 0。由假设（4），桌子在任何位置至少有三只脚着地，所以对任意的 θ，$f(\theta)$ 和 $g(\theta)$ 中至少有一个为零。当 $\theta=0$ 时，不妨设 $f(\theta)>0$ 和 $g(\theta)=0$。这样，改变桌子的位置使四只脚同时着地，就归结为证明下列数学模型：

已知：$f(\theta)$ 及 $g(\theta)$ 是 θ 的连续函数，对任意 θ，$f(\theta)\cdot g(\theta)=0$，且 $f(0)>0$，$g(0)=0$。

求证：存在 ξ 使 $f(\xi)=g(\xi)=0$。

3. 模型求解 θ

将桌子旋转 $\pi/2$，对角线 AC 与 BD 互换，由 $g(0)=0$ 和 $f(0)>0$ 可知 $g(\pi/2)>0$ 和 $f(\pi/2)=0$。

令 $h(\theta)=f(\theta)-g(\theta)$，则有 $h(0)>0$ 和 $h(\pi/2)<0$，由 $f(\theta)$ 及 $g(\theta)$ 是 θ 的连续函数，知 $h(\theta)$ 也是 θ 的连续函数，由零点定理知，必存在 $\xi\in(0,\pi/2)$，使 $h(\xi)=f(\xi)-g(\xi)=0$，又由已知 $f(\xi)\cdot g(\xi)=0$，所以 $f(\xi)=g(\xi)=0$。

在零点定理的讲授环节，教师可以选用不同的方案，非常有效的方法是为学生设置研究题，并给出思维上的启发，让学生把知识理解和建模思想的体验结合起来。这样在零点定理的应用之下，生活中的实际问题能够顺利解决，让学生感受到数学和生活间的关联，激发学生学以致用的欲望。

（二）在讲解数学知识时体现数学建模的思想

实现大学数学教学和建模思想的有机整合，并非是要冲破传统体系，强调的是在讲解理论知识的时候渗透建模思想。接下来，把微分方程和函数知识讲解作为实际例子直观阐述这个问题。

1. 微分方程知识的讲解

建立微分方程，并对方程进行求解，是建立模型和实际问题解决的工具。所以，数学教育中需要在讲授怎样从实际问题抽象提炼微分方程并进行求解方面加大精力和时间的投入。

例 2：传染病流行的控制模型。

有一种大范围流行传播的传染病，该传染病的传播主要依靠空气、食物等渠道，带菌者会通过这些渠道把致病菌传给健康人，产生连锁传播。设某地区人群总数为 N，其中一类是携带病菌的病人 $x(t)$，另一类是健康人 $y(t)$，并设单位时间内一个带菌病人传染的人数与当时健康人的数量成正比，比例系数为 k，则有

$$\begin{cases} \dfrac{\mathrm{d}x}{\mathrm{d}t} = ky(t)x(t) = kx(t)[N - x(t)] \\ x(0) = x_0 \end{cases}$$

此模型恰好是人口模型中的 Verhulst 阻滞增长模型。用可分离变量法解微分方程可得

$$x(t) = \frac{N}{1 + (\dfrac{N}{x_0} - 1)e^{-kNt}}$$

由该解可以看出，$x(t)$ 随 t 单调增加，且当 $x(t) \to \infty$ 时，由 $\lim\limits_{t \to \infty} x(t) = N$ 表明，最终该地区所有的人都将传染生病，如图 4-3 所示。这是很可怕的现象，通常这并非真实情况，事实上患病人数不可能达到环境允许的最大容量，但却可能渐近接近这个最大量值 N。

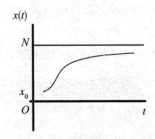

图 4-3 传染病流行的致病模型

又由 $\dfrac{\mathrm{d}x}{\mathrm{d}t}=kx(t)[N-x(t)]$ 看出，右边是 $x(t)$ 的二次函数，由于

$\dfrac{\mathrm{d}x}{\mathrm{d}t}=-k[x(t)-\dfrac{N}{2}]^2+\dfrac{kN^2}{4}$ ，所以当 $x(t)=\dfrac{N}{2}$ 时，$\dfrac{\mathrm{d}x}{\mathrm{d}t}$ 取最大值 $\dfrac{kN^2}{4}$ ，这说明患病

人数的增长速率在 $x(t)=\dfrac{N}{2}$ 时，达到最大值，如图 4-4 所示，这样的结果是比较

切合实际的。

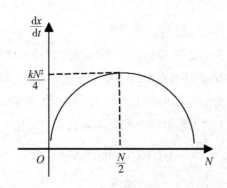

图 4-4　传染病流行的增长模型

以上问题把实际问题变成了数学问题，接下来在微分方程的助力之下建立模型，通过解方程完成模型求解。微分方程的有关知识在建模和求解中的应用范围广，所以需要教师在对这部分内容进行讲授时，要特别注意体现建模思想，让问题来自实际又回归实际，提高学生学以致用和触类旁通的能力。

2.函数知识的讲解

就数学建模而言，建立函数关系式是重要的一个环节。因此，教师要在函数应用题的教授方面提高重视程度，如在指数函数概念教学时运用下面的实例教学。

例 3：表 4-1 是某城市人口的数据表，试讨论该城市人口增长情况。

表 4-1　某城市人口数据表

年份	人口数量（百万）	人口改变数（百万）
1980	67.38	
1981	69.13	1.75

（续　表）

年份	人口数量（百万）	人口改变数（百万）
1982	70.93	1.80
1983	72.77	1.84
1984	74.66	1.89

从表 4-1 中可知，人口增长呈非线性增长，如果将每年的人口除以上一年的人口，将发现人口总数每年以大约 1.026 的比例增长。若用 t 表示自 1980 年以来的年数，则经过 t 年后人口 $P（t）$ 为 $P（t）=67.38（1.026）^t$，称此函数为以 1.026 为底的指数函数。该模型可以预测各年的人口数。例如，$P（27）\approx 134.76$ 百万，即再过 27 年（2007 年），人口将翻一番，最后给出指数函数的一般定义。

（三）重视传统数学课中重要方法的应用

在传统的数学教育中，教师在教学中渗透的重要方法，能帮助学生解决实际问题，因而加大方法讲解力度可以让学生在模型学习中受益。比如，用一阶、二阶导数求函数极限，用导数求函数曲线某点曲率等在实际问题的解答方面就有着极大的价值。就传统数学教育而言，当教师在讲授到这样的章节时，延伸到数学模型方面，常常能够收获比较满意的效果。例如，在资产投资收益与风险模型中，介绍公式 $k=\dfrac{|y''|}{(1+y'^2)^{3/2}}$ 的使用；在讲积分上限函数时，补充

$$\Phi(x)=\int_0^x (x-t)^2 g(t)\mathrm{d}t$$ 这类函数。这是因为在很多策略模型解答中，往往会应用

到相似的求导情况。

定积分在数学建模中应用广泛，在对这一章节进行教学时，应重点将其在物理、几何等领域的应用进行着重讲解，尽可能地讲授数学建模的一些片段，运用微元法建立积分式。比如在计算堆积煤矸石的电费时，要用到定积分

$$J(h)=\int_0^A (cxg/y)\mathrm{d}v(x)$$ 求二元函数的极值与条件极值；Lagrange 乘数法和最小二乘

法在数学建模中应用都是非常广泛的，所以在实际的教育当中必须改进教学方法着重对以上问题进行讲授。

（四）充分利用数学软件，注重数学的教学试验

在美国数学会公报里，Saunders MacLane 提出把"直觉—探究—出错—思索—猜想—证明"作为理解数学的过程。学生借助计算机平台进行数学实验，而教师

则指导学生进行规律的探索，这样在实际的实验学习中能够进行亲密无间的合作，同时也可以化被动为主动，在主动发现中收获知识与技能。例如，泰勒公式是教学中的重难点，因而可以开展以下实验。

例 4：画出函数 $f(x) = \cos(2x)$ 和 $g(x) = \sqrt{1-4x^2}$ 在 $x=0$ 附近的图象。

学生会发现在 $x=0$ 附近这两个函数的图象很接近。而这两个函数一个运算简单，另一个则较复杂。引出问题：能否用简单函数近似复杂函数？进一步让学生分析两个函数在 $x=0$ 点的函数值及各阶导数。还可以让学生画图理解函数与其近似多项式的接近程度。

通过对画图法进行运用，原本抽象复杂的数学概念就变得形象生动，也会更加通俗易懂，可以在很大程度上刺激学生，产生创造热情。有些数学计算非常复杂，但在有了数学软件作为辅助之后，所有的难题都可以迎刃而解，于是相关的训练内容就能适当减少，把更多的关注点放在理解概念方面，留出更多的时间对学生进行解题能力的锻炼。此外，数学软件与实验不可以只将关注点放在概念与方法的引入上，不能只是当作直观教具的发展，必须贯彻到数学全程，为学生提供思考操作以及大胆尝试的平台。

（五）改编例题或习题成为简单的数学建模问题

当前数学教材中的例题在条件、结论和解法方面，都拥有明显的定向性特征，但我们仍然可以将其进行改编，使其变成符合学生认知规律，并且能够激励学生产生学习主动性的建模问题。例如，同济大学高数微分方程鸭子过河问题，假如去除鸭子游速和河水流速，那么这个问题就成了一个不确定性的问题。要探讨鸭子到达目的地需要怎样的条件？要花费多久的时间？如果去掉游动方向朝向目的地的条件，变成任意方向，要让鸭子到达目的地，必须加入怎样的一般条件？以到达目的地为前提，鸭子用时最短的路线可以怎样设计？这些问题都可以让学生探究学习，让学生在这些改编习题的指引下学会建模思维。

三、大学生数学建模能力的培养

数学建模具有创造性和实践性，是用数学化方法解决实际问题的重要路径。关注学生建模能力培养是大学数学教育中非常关键的内容。

（一）数学建模能力培养的内容分析

想要增强学生的建模综合素质，首先在日常的教学中，要把握好以下几项能力，并以此为突破口。

1. 双向翻译能力

实际应用题往往借助普通语言或图表语言进行表述，但数学建模通常是借由数学符号表达的，所以学生要有双向翻译能力。不过，在传统教学中常常会忽视学生这方面能力的培养。在培养学生双向翻译能力时，必须要做好以下工作：

（1）重视探讨知识产生与发展的问题背景。语言是表述问题的载体和评介，运用的语言不同，最终得到的表述形式也会有很大的差异，而它们彼此之间的互相翻译是否熟练和精准，会决定建模能力的高低。

大量的数学知识产生发展都有着特定问题背景，这就给传统教学中锻炼学生语言互译能力提供了有利条件，如 Stokes 公式等。同时，实际教学中应该适量增加数学知识的应用性内容，让学生可以切实认识到知识与实践整合的特征，让学生把握理论和实践之间的内在关联，让学生在掌握学以致用的方法方面获得优势。

（2）从挖掘思维方法的角度上进行教学，选择和剖析高质量的数学建模竞赛题，分析优秀参赛作品。思维方法是个体开展思维活动必须依照的规则、手段、工具，是认识主客体的结合部，更是联系主客体的桥梁。科学思维法是人获得科学认识的手段，是让思维朝着真理方向前进的纽带，因此数学教学一定要关注科学思维法的引导。在建模活动中，选取思维方法明显的竞赛题目，对学生以往完成的作品进行阅读分析，可以在很大程度上培养学生的翻译能力，让学生的思维方法更加丰富完善。

2. 解模能力

利用教授建模具体思想方法的教学活动能够发展建模能力。数学具体思维方法是认识对象特殊属性决定的一种特殊性方法，包含线性规划、统计方法等内容。例如，建模竞赛题 DNA 分类问题涉及的具体思维方法就是聚类分析法；建模竞赛题公交车调度，涉及怎样把多目标规划转化成单目标规划等。利用实际的例子，灵活应用思维方法，丰富问题处理技巧，是发展学生解模能力的关键。另外，整合实验课程中的实验内容，还应该有目的、分层次地设计题目，锻炼学生数学软件的应用素质。

3. 观察和猜想能力

要想培养观察与猜想方面的能力，要特别注意做好以下工作。

（1）教给学生观察和猜想的实际方法。对每一个学生来说，最具价值的知识，无外乎方法的知识。教师需要把教学关注点放在引导学生观察和猜想方面，并教给学生观察与猜想的科学方法，有针对性地对学生进行方法训练。例如，教师为学生介绍数学家非常著名的猜想以及这些猜想的发展史，利用追踪数学家猜想思路的方式，探寻到猜想思维法的发展过程，探索多元化猜想方法的使用。另外，在实际教学中，教师为学生介绍和数学史有关的内容是必不可少的，这样可以让学生认识到科学家获得丰硕的成果非常不易，他们经历了痛苦、艰难以及无数次的挫折，使学生产生思想上的共鸣，深刻体会科学家在追求真理道路上的献身与敬业精神，感受他们超高的境界，进而让学生的科学精神也得到培养，让学生可以将这些科学家作为自己的榜样。

（2）做好传统数学课程以及实验课程的教学工作，不断锻炼和提高大学生的观察猜想能力。很多著名数学公式和定理就是利用反复的类比观察等方法得到的，而且整个过程也可以在极大程度上锻炼人的观察能力。第一，在数学概念教学时，需结合概念教学的特点，引领学生探究数学概念，发生发展过程，利用概念对比的方式，让学生总结共同本质，抽象得到一些新概念。第二，解题数学是教学的间接实践形式，更是对学生进行基础技能培训的主要策略。在合理的教学设计环节，教师需要合理选题，然后对题目进行分解，对学生进行逐层次的分析和观察训练，加深学生对数学问题的认知与感受。第三，革新教育模式，把教育关注点放在培养观察和猜想能力方面。要提高观察猜想能力，需要善于运用探究发现性的教育方法，并将这些方法在数学课和实验课等方面进行应用。利用这样的教学，能够激发学生兴趣，不断扎实学生观察和猜想能力发展的基础，提高学生将感性认识上升到理性认识的自觉性。

4.逻辑思维能力

逻辑思维是数学学习中的重要思维，不仅能让学生在当前阶段受益，还会让学生在今后的数学学习生涯中受益匪浅。拥有逻辑思维的人在思索与解决数学问题时会按照一定的逻辑顺序，在推理时给出严谨度及依据，在工作时有条不紊、条理清晰地完成各项工作的处理。逻辑思维是创新能力的支撑，为培养学生的逻辑思维能力，教师在实际教学中要做好以下工作。

（1）正视数学语言指导，保证语言思维逻辑性与条理性。语言是思维工具，思维最终需要用语言表现出来。数学语言具有一定的特殊性，数学内容之所以具备抽象与严谨的特性，是因为它是按照逻辑顺序用数学语言完成表述的。因此，教师要指导学生加强对数学语言的运用，安排一定数量的关于说的训练，如说一说解决问题的思路，说一下运用的法则，促使学生对自身的语言系统进行组织整理，运用这样的方式，对学生的思维逻辑性进行培养。例如，通过口述解题思路的方法，能够将分析推理的过程进行表达，让学生自觉运用严谨科学的推理法，保证思维逻辑性的提升。同时，教师语言必须要明确且清晰，尤其是要具备逻辑性的特征，以便对学生进行更好的言传身教，让学生的语言素养也得到提升。此外，教师要引导学生对教材中的理论知识进行深度阅读理解。这是因为绝大多数的教材内容均是依照逻辑演绎结构进行描述的，因此教材内容体现出的都是逻辑演绎的线索，展现出的是严密系统的知识系统，是对复杂无序研究成果的简化概括。通过引导学生阅读这样的教材，能让学生的逻辑习惯得到有效培养，也能让学生对数学语言的掌握应用能力得到充分的锻炼。另外，数学教材中的很多结论证明都有强大逻辑，可以让学生在熟悉这部分内容的时候，得到逻辑思维的熏陶。

（2）指导学生掌握一定的逻辑思维方法，对学生进行逻辑思维的启迪与指导。从数学学科特征的层面上进行分析，数学本身就是逻辑性科学，所以在教学中可用逻辑线索将前后内容关联成一个整体，让知识更加有序以及综合化地展示在学生面前。在这样的教学环节，学生的知识掌握会更加系统，更加有助于知识迁移，让学生学以致用的能力获得进步。

（3）立足学生实际，适度增加逻辑思维训练的难度与力度，力求从数量积累转化到质量提升。数学建模中的很多问题难度大、涉及范围广，通过对这些问题进行合理应用，能让学生的思维深度大幅提高，也能让逻辑思维的训练效果得到保障。例如，2002年全国数学建模竞赛题是设计车灯，利用反射抛物面反射到达给定点的点的轨迹的推导，可用的数学工具是高等数学与工程数学。学生完全可以借助已有经验与知识进行合理推理，进而让学生的自主能力以及逻辑思维得到锻炼。

5.创造能力

数学建模思维是创造性思维，到目前为止，数学建模进程中还不存在统一化的方法，需要学生运用创造性思维，不断探索多样化的建模策略。数学建模的特征决定数学模型只能是神似。例如，$\dfrac{\mathrm{d}^2\theta}{\mathrm{d}t^2}=-\dfrac{g}{t}\theta$，实践证明，该模型可以有效模拟单摆运动，不过这个模型从外形上看和单摆根本没有任何相似性，神似性要求的提出决定数学建模要注重创造能力的发挥。

人的思维有复制性，也就是说，会把以往遇到的相似问题当作思维基础，在遇到一个新问题后，常常会想我之前学到的内容是怎样告诉我解题方法的。因此，会把自己的主观经验作为根据选择自认为最有效的解决方法。过度强调经验的思维方法会让人在结论准确度认知方面出现自负的心理。创造性思维会让人在遇到新问题后思考：究竟会有多少种方法可以解决这样的问题？怎样对这些方法进行反思？利用创造性思考活动，我们常常可以找到大量的解决方法，而且有很多方法是具有独特性与创造性的。要提高学生的创造性思维能力，在数学教学中可以采取以下几种措施。

（1）多角度分析问题。从心理学层面上看，面对一个问题，选取的第一个角度偏向于自己看待事物方面选取的一般法，因此需要不停地从一个视角转向另外的视角，重建问题，一直到自己在思考问题时伴随角度变化而深入，最终才可以掌握问题实质。

（2）思想形象化。试着用图表和绘图的方式对数学问题进行表述，同时在空间与视觉等方面拓展。要想构建与客观世界对象相符的神似模型，就要利用尽可能多的方法，借助不同方法表达和思考客观事物。

（3）开展艺术创造。数学建模的显著特点是能让建模者的创造力得到大发展。Modeling 这个单词在英语中的含义是塑造艺术，可以理解成从不同角度出发探究问题就会得到差异化的数学模型。在形容数学建模时，不单可以把它叫作技术，更应该将其当作艺术，在数学建模过程中进行艺术创造，同时重视经验、想象力、判断力等在数学建模中发挥的不可忽视的价值。

（4）实施独创性组合。建立数学模型要求我们注重创造性组合，以便重建成差异化形式。就拿爱因斯坦方程式来说，爱因斯坦并没有发明出光的能量、速度、质量等概念，他得到这个方程式是借助新颖的方法把前人获得的概念进行组合获取的。我们和他一样，面对的客观世界是一样的，不过因为他看到了不同的东西，所以拥有了大量的发明创造，并给人类做出了突出贡献。

（5）发现事物内在关联。把差异化的对象进行对比，在看似不存在关联的事物之间，探寻内在规律和联系，是数学建模的特殊思维手段。

（6）从对立面出发探究问题。人们之所有能够对一个问题提出各种不同的见解，是因为他们可以容纳相对立的观点或两种互补相容的观点。有学者在对创造过程进行研究时就特别指出，假如一个人可以将两种对立思想整合成一个整体的话，那么他的思想就会处在不定状态，之后，发展到新高度。

6.自我评价能力

自我评价是学生利用个人具备的经验和知识进行自我评估和判断，能够促进学生进行自我完善与认知体系构建。自我评价可以让学生在数学学习中迸发出强烈的热情，提高学生的自主性以及能动性，让学生的自学能力得到发展；可以培养学生抉择判断力。为了对学生进行自我评价能力的培养，教师要做好以下工作：第一，发挥指导作用，让学生拥有自我评价的习惯。教学环节可借助反思自纠、品析错题、评价思路等方法培养自我评价能力和意识，激发自我评价积极性。第二，注重数学思想方法的教学。在学生解决完抽象复杂的数学问题后，引导学生自我评价能让学生从中提炼数学思想方法，掌握数学元认知的方案。这要求教师不能照本宣科，要为学生进行系统性的介绍，既要介绍具体的数学法，还要介绍一般方法，让学生的自评能力获得更大的进步。

（二）数学建模能力培养的过程性分析

数学建模的一般过程通常可划分成三个阶段，分别是现实问题数学化、模型解答与现实问题解答验证。三个阶段经历了从现实问题到模型，又从模型回到现实的循环过程，是一个持续发展和不断完善的过程。结合数学建模的过程，要培养学生建模能力的话，也要把握好以下三个方面。

1. 培养实际问题数学化的能力

所谓数学化能力，最为简单的理解就是利用数学思想方法研究实际问题，借助科学抽象与严谨的数学语言，将实际问题简化抽象成数学问题。这实际上就是构建数学模型的过程。所以我们可以看到，数学化是数学知识与语言应用能力的一个发展过程，这在传统教育中是非常薄弱的，于是成了数学建模教育的困难点。由于实际问题来自社会生产生活以及自然科学中的很多领域，也会涉及这些领域中的一些知识，所以学生整合其他学科的能力会在一定程度上影响到学生数学化能力。

2. 强化学生数学模型求解和算法能力

利用数学知识技能研究数学模型，并运用计算论证的方法求解模型，就是数学建模能力，更是数学解题能力培养的有效方法。不过实际问题是，数学模型解题过程复杂度和综合度很高，常常要运用到计算机，而且有些时候答案并不唯一，一些模型解答要开展建模计算编程。在这样的情况下，在解决模型的过程中，加强计算机的利用开始受到人们的普遍关注。

3. 数学结论实践化的能力

也就是把数学问题求解获得的结论进行归纳整理，并将其应用到实际解题中的能力，是数学建模最高层次的目标。由此观之，加强对学生这一能力的培养，最为关键的目的是要让学生用建模思想认识我们生活中的实际问题，获得具有应用价值的结果。

四、大学生数学建模教学模式分析

（一）各国数学建模教学类型评述

借助文献查找法，我们看到数学建模教学在各个国家与地区的做法有着非常显著的差别，接下来列出了具备典型性的五个类型。

1.二分法（the two compartment approach）

要让数学教学计划更加系统、全面，一定要有两个部分：第一个部分是处理纯粹性的数学内容；第二个部分是处理和纯数学内容相关的应用内容与建模内容。该教学类型可以运用这样的表达方法：数学内容学习数学应用与建模。在分析了我国大学数学建模课程教育方式后，我们发现我国更多的是运用了这样的方法，先是设计数学基础课，接下来随着年级增加，开始在高年级引入建模课程，要求学生运用前期获得的基础知识把实际问题抽象化，对实际问题构建数学模型，进而解决实际问题。

该类型的显著特征是：能够非常简便容易地组织教学活动，在选择教材、备课、教学、成绩考核等方面省时省力。同时，学生也可以明确清晰地感知与了解什么是数学建模及基本方法步骤。但这种类型的弊端也是非常明显的，将数学建模确定为课程，就会导致很多数学教师在教学时带有非常明显的目的性，只是想要完成教学计划，而不是服务于学生的成长与发展。学生也常常会将数学建模作为获得学分的一个课程。这样的想法以及做法，并非是高校设置数学建模课程的初心，也是无法继续推进数学建模普及性教育的。

2.多分法（the multi-compartment or islands of applications approach）

教学活动是一个体系，可以是大量的小单元组建而成，每个单元做法与二分法非常相似。在具体的落实过程中，开始阶段是学生学习数学新概念，然后是进行知识应用以及开展数学建模活动，完成对前面数学知识的应用。接下来又是一个相同的循环过程，是一个不断循环往复的学习过程。

这一教学类型的一个明显特点是可以缩短纯数学知识与数学建模之间的距离，通过一个又一个小单元的学习，让学生认识到数学建模是解决问题的工具，而且这样的循环性模式，可以帮助学生更好地巩固所学知识，提高学生知识应用与创新能力，让学生更加扎实地把握建模方法。虽然和大学数学建模教育要求在组织实施方面显得比较生硬，但初步达到了建模教学的目标。但是，并非每部分知识学习都适合运用建模方法，因此需要结合实际情况灵活掌握。

3. 混合法（the mixing approach）

在混合法的数学建模教育中，数学新概念与新理论和数学建模进行整合，同时会发挥二者的相互作用。在这个类型的建模教育中，数学新概念与新理论的形成和建模活动联系在一起，并发挥彼此的相互作用。一方面，新数学内容被数学建模问题情景激发出来。另一方面，建模问题又被数学内容描述与解决。具体的做法就是先为学生营造问题情境，让学生在身临其境中获得直观的学习体验，在这之后，在问题情境中深入认识和解决实际问题，之后又再一次创设情景，学习新内容，而在新的问题情境中又解决了问题。

这一类型的显著特征是：把数学知识和建模基本进行了整合，利用建模思维方法指导学生学习数学知识，并非是将数学建模作为课程推进实施。这样的操作方法符合大学数学建模教育的整体思路，因为建模教育的终极目标是要让学生灵活把握知识，并最终实现学以致用；让学生掌握解决实际问题的方法，数学建模仅是达成该目的运用的手段。但这样的操作方法，对教师的教学组织给出了极高标准，特别需要教师在备课方面加大重视和研究力度，做好充分的准备工作，以便在教学实践中更加得心应手，更好地解决其中出现的多个问题。

4. 数学课程内并入法（the integrated mathematics subject approach）

在这样的做法中，先是呈现一个问题，接下来是开展和问题相关的数学内容的探究与发现，一直到问题被彻底地解决。这样的做法需要特别关注的一点是，提出的问题一定要和数学内容相关，并且是容易处理的。

这样的类型事实上和上面提到的第三种类型在特征上有着一致性，但二者也存在着一定区别。区别是上一种类型把知识学习作为教学组织主线，这个问题将以实际问题解决当作是教学组织主线，后者和学生今后走出学校象牙塔，步入社会经历的真实情境密切相关，也要求教师在备课工作中要找好切入点，把握知识间存在的内在关联性。数学研究课教学要求教师对教授的内容进行教法上的合理选择，不然是无法收获理想效果的。

5. 课程间并入法（the interdisciplinary intergrated approach）

这一教学法和上面的第四种非常类似，不过并非是完全相同的，因为问题解决要运用到的知识不一定是数学知识，也有可能是来自除了数学以外的其他学科。数学与其他学科构成了一个统一体，不再是独立课程。显而易见的是，该方法是跨学科教学法。

这一类型和第四种的差别在于，可以延伸学生知识领域，但是这里所提到的知识不仅限于数学，从表面上看，甚至已经超出数学教育范畴，不过在终极教育目标与建构特征方面看，该类型更能对学生进行实践训练。现实生活中，我们要想解决问题，想要只用数学方法进行解决是不可能的，需要具体问题具体分析，并实现多个学科的应用。正如前面所说，大学数学建模竞赛的特点是知识综合，因为竞赛题目并非是数学问题，涉及社会生活的多个领域，而且学生在解答时更需要不同领域的知识作为有效补充。这样的教学类型，要在数学教育中贯穿全程是不可能的，不过可以选择代表性强的问题，让学生感受数学建模的魅力即可。

上面论述了五个类型的数学建模教学，通过对这几种不同的类型进行对比分析，我们能够清楚看到教学环节越是注重锻炼学生建模能力，越会提高对教师的要求，而且在实际操作环节就越具有难度。但正因为存在这样的挑战，才为大学数学教育改革注入了生机与活力。教育改革工作并不是一蹴而就的，想要迅速获得理想效果是不可能实现的，必须经历循序渐进的过程。本书的观点是：大学数学建模教育较为现实可行的操作方法是在大一、大二年级，选择第二和第三种类型，将关注点放在引导学生学习数学知识方面，而在大三和大四年级则倾向第四和第五种类型，把关注点放在培育学生建模思维和能力方面，实现彼此之间的相辅相成。

（二）大学数学建模的新型教学模式——"kk整合模式"分析

在研究了安徽机电学院王根教师"数学建模教学工程"项目成果之后，我们受到了很多启发。本书的观点是：这个项目中经典的"kk整合模式"是在实际教学中可行性很强的建模教育模式。

1. "kk整合模式"的主要观点

（1）从系统工程角度研究，大学数学建模教育就是建模教学工程。建模教育模式可以划分成三个层面，分别是微观、中观与宏观，各个层面又会有高、中、低三个子层面。宏观上的数学建模教育指高校中数学建模教育发展战略模式。中观上的数学建模教育主要是不同种类学校数学建模教育管理模式。微观上的数学建模教育主要是高校具体的数学建模教学模式。与之相对应的教育结构也划分成三个层次，分别是宏观、中观与微观。宏观层面是数学建模教育体系结构；中观层面是数学建模教育管理结构；微观层面则是数学建模教学活动结构。

（2）数学建模类课程包含必修课、选修课；数学建模类活动包括校园文化活动、社会实践活动。数学建模教学结构是如下模块的组合：①应用数学初步；②数学建模基础知识；③数学建模基本方法；④数学建模特殊方法；⑤数学建模软件；⑥特殊建模软件；⑦经济、管理学中的数学模型；⑧机电工程技术中的数学模型；⑨生物、化学中的数学模型；⑩金融学中的数学模型；⑪物理学中的数学模型；⑫综合及其他问题中的数学模型。

2. "kk 整合模式"的具体思路

整合的内涵是系统性以及协调性，最终实现高度统一。该模式特别注重大学四个年级学习的整合，探究各年级间连续性以及衔接性，以便提升建模教育效率。整合模式注重核心课程、活动与潜在课程整合。

该课题提出四年三阶段的 kk 整合模式，见表 4-2。

表 4-2　kk 整合模式

阶　　段	微观教学结构	微观教学模式
第一阶段（1～2 年级）（目的：培养应用意识与简单应用能力）	①应用数学初步②数学建模入门③数学软件入门④高等数学、线性代数例子和数学小实验	①应用数学初步②数学建模入门③讲座④高等数学、线性代数中的应用、实验
第二阶段（2～3 年级）（目的：培养建模程序应用能力）	模块②③⑤加上模块⑦⑧⑨⑩⑪	①数学建模课程开设②群组选修课程③专题讲座④ CUMCM 活动参与
第三阶段（3～4 年级）（目的：培养针对实用问题的综合应用能力与研究意识）	模块④⑥⑫	①参加 CUMCM 集训②参加 CUMCM③毕业设计与论文④相关校园文化活动⑤相关社会实践活动

3. 对 "kk 整合模式"的特点分析

站在设计思路的角度进行分析，该模式的优势主要体现在以下几点。

第一，与循序渐进教育原则相符。这个模式把教学活动进行三个阶段的划分，每个阶段的结构和模式安排都有着很强的针对性，面向的是相应年级的学生，不管是在知识还是在实践的安排方面，都是逐层推进的，与数学教育和学生认知规律相适应，能让学生逐层次地吸收知识，完成知识消化与应用，同时还可以发展学生学习动力与兴趣，让学生收获成就感。

第二，实现教学与实践的有机整合。这一模式在各阶段教学设计中几乎都涉及理论和实践内容，符合数学建模教育的特征，也就是凸显知识应用性，增强实践能力锻炼。与此同时，还能极大程度上丰富建模学习，让学生可以从不同的视角领悟数学建模的魅力，更为有效地把握好数学建模。

第三，注重数学建模的普及应用。这一模式在具体的落实环节面向的是学生整体，利用第一阶段以及第二阶段教学，基本上可以达成建模普及性教育的要求。当然，每一个学生都是独立的个体，他们的知识理解和把握层次是有很大差异的，教师还是要做到因材施教，特别是在第三阶段让学生结合个人特征深层次地完成建模学习。

五、大学生数学建模教学层次性分析

大学数学建模教学的中心是数学建模，其目的在于提升学生整体的知识应用与在实践中创新技能。大量的教育实践表明，不管是哪个学生都有问题解决能力，不过他们的能力程度有所不同。之所以会出现这样的不同，是因为每个学生都是独立个体，在智力、性格、兴趣爱好、思维特征、职业追求等多个方面都差异明显，尤其是在知识领悟和应用方面有着非常明显的差别，即使是同年级同专业的学生，在实际教学中也不可以一刀切。在 2000 多年前，孔子就提倡因材施教，这是我国层次性教学最早的一个表现。如今大学数学教育倡导教育改革，而教育改革需要在思想方面秉持人本思想，也就是将生本思想在教育领域进行贯彻，因此在数学建模教育中，要关注学生层次性差异，尊重并且激励学生个性文化的成长，并在考虑学生差异化特征的前提条件下，合理安排课程的广度和深度。

（一）大学数学建模教育应分层次进行

从整体的角度上看，高校数学建模教育可分为以下几层。

1. 初级层次：大学一、二年级

此时大部分学生不知道数学建模究竟是什么，在这个时间段可以选择一般应用题或数量关系非常浅显的实际问题，或是结合学生实际创编之后的建模题目，对学生进行基本的启发引导，使他们能够逐步认识数学建模是什么，并拥有初步建模能力。

2. 中级层次：大学二、三年级

到了这个阶段，学生在经历了一年的学习之后，已然在初步建模方面有所成绩，教师可以在此时设计数学建模特点表现突出的问题。在这一阶段设计和提供的数学建模问题有些就来自学生群体中间的一些事例，也有些来自生产生活，要求学生经过分析判断，给出假设，之后去除非本质的因素，找到数量关系，并对所获结果进行分析说明和简要评价。从高校学生智力发展的趋势角度上分析，一般学生都可以达到中级水平。

3.高级层次：大学三、四年级

到了高级层次，学生的建模能力有了极大程度的提升，在处理和解决难度大的问题方面，也拥有了一定的经验与能力，所以也可以适当提高问题难度和复杂度。这些问题可取自工程、生产等诸多领域，都属于没有被数学抽象和转化的实际问题，要求学生凭借个人能力，深层次剖析其中价值突出的信息资料。在这其中，要特别引导学生运用自主探索的方式得到假设模型，还要学生收集整理、评估判断数据资料，之后对构建模型进行评价。当然，最后得到的结果只是一个最优化的解答，还需让学生用撰写科技论文的方法，把整个成果记录下来。

（二）大学生数学建模教学应分阶段进行

数学建模教学要选用层次化教育策略，具体要按照下面几个阶段开展。

1.模仿阶段

在对学生进行建模能力培养教学中，加强模仿能力培训是至关重要的一项内容。这个阶段的教学，把主要内容放在研究他人建立的现成教学和模型中蕴含的思想方法上。探索成型的模型是一种被动性的教学过程，所以学生开展的也是被动性的学习，与引导学生自主组建模式完全不同。在对现成教学和模型研究时，教师需要特别对模型导入环节进行优化设计，探究如何运用数学方法和技巧从已有模型中找出答案。这样的练习是尤为关键和必要的，不仅能够表明模型作用，还能让学生在模型学习方面拥有强大的内驱力。

2.转换阶段

转换只能是将原型快速提炼和转变到某一模型上，或将某领域模型转移到不同领域，或者是把具体模型转换成抽象模型。这些问题只是形态表现上不同，本质上是实际问题转化成数学模型。所以，对学生进行模型转换能力培育锻炼是非常关键的。

通常情况下，可以依照三个阶段开展。

（1）数学原型的转变

从某一实际问题或数学应用题科学提炼出一个模型，再利用这个模型求解同类型或者是有一定改变的同类问题就是数学原型转变。

（2）数学模型的转移

善于转移，是数学建模能力高的一个直接体现。从一个领域转到另外一个领域，先要发现不同领域和不同问题之间存在着的相似之处，具体可以是结构、领域、动静的转移。

（3）数学模型的转换

假如用生物学中的术语进行表达，模型转移往往会关注移植，但模型转换往往关注杂交。数学模型存在着很多不同的转换形态，可以是结构、领域、动静的转换。

3. 构建阶段

在解决实际问题时为了满足特定需求，要么把问题条件关系用数学形式构建，要么将关系设想在某一模型，要么把已知条件进行取舍组合之后建立新形式等，再利用数学知识方法解决实际问题。这个活动就是数学模型构建活动。

构建数学模型不单是高级思维活动，而是需要复杂以及极强应变力的心理活动过程，还是利用做数学的方式学数学的实践活动，是应用数学方法处理实际问题的有效方法。根本没有统一模式和固定化的方法。其中不单有逻辑和非逻辑性的思维，还会应用到机理和测试分析等方法。建构模型通常要历经分析和整合、抽象和概括、系统与具体、想象和猜测等阶段。

为了锻炼学生的数学建模能力，除了要培养学生的逻辑与非逻辑的思维外，还要求学生学得杂而广泛，让学生尽可能多地把握多个学科领域的基本原理、方法、定律等。掌握一定的建模方法，组织和参与数学建模实践活动，需要学生在实践中锻炼提高具体能力。

总而言之，提高学生模型应用能力，先要让学生在实际学习中加强总结，熟知基本模型，接下来需要引导学生识别模型，善于制造新的模型，而在最后处理实际问题的过程中，展开系统性的辨别和研究，应用建立模型的方法解决多个领域的实际问题。

六、当前实施大学生数学建模教育过程中应注意的问题

（一）大学生数学建模教育应避免的几个误区

如今的大学数学建模教育仍然是在不断的摸索中前行，不管是哪一个教学模式，都需要在实践中总结经验教训，持续不断地进行优化与完善，之后，才可以到达成熟的地步。假如要想让数学建模教育这一重要的数学教育改革项目收获理想成效，在具体的贯彻执行中需要避免步入下面的误区。

1. 忽视课堂教学

研究性数学学习把课堂作为主要阵地，同时会将基础内容锁定为教材。专题

性的数学研究补充了研究性学习。从整体上看，研究性学习要在实际课堂上开展，在课堂中的教材教学中进行体现，如果忽视课堂教学，抛开教材精选内容作为研究性学习载体的话，从本质上看是一种舍本逐末的表现。

2.否定接受式学习

数学研究性学习并非否定接受式教学法，因为在有些内容的课程教学时，需要借助讲授法满足一些课程的教学需要。还有一些课程要将讲授和学生自主研究进行整合，进而满足学生的学习需要。一般而言，学习分四个维度：有意义接受学习、机械接受学习、有意发现学习与机械发现学习。教育改革中提倡的是学校在数学教育中，要运用有意义接受学习的方式。因为以往将过多关注点放在接受式学习方面，过多地强调这一模式，甚至产生了一种依赖感，于是在大力呼吁落实探究性学习的背景下，所有的教学活动都在倡导研究性活动的回归，但是这并不代表片面地用研究性学习替代接受式学习。因为数学领域的很多知识都要用接受的方式获得，单纯运用研究性学习方法获取是不现实也是不合理的。

3.评价方式单一，只重结果不重过程

应试教育重结果轻过程，评价学生时更多地关注学生的分数，不注重学生在整个学习过程中的一系列表现，所以评价显现出片面性和单一性的特征。数学建模教育的推进实施也要求对学生进行评价，倡导评价时要关注学生的学习过程，尊重学生天性，让学生可以在学习中扮演学习主人的角色，充分展现出创造性。既要关注小组评价，与此同时，还必须关注个人担当的角色以及作用，归根结底是要关注学生个体，促进学生全面成长，而不是天才与精英教育。

（二）大学生数学建模教育应处理好的几个关系

1.教学与实践的关系

数学建模教育的核心是建模实践活动，要面向的是所有学生。教学活动是教师在课堂上用已有模型或数学材料中的内容，让学生可以迅速掌握数学建模的方法和实践步骤，初步具备建模能力。实践活动是真刀实枪参与到建模活动中，参与各个活动环节，如参加建模小组、参与建模竞赛等。正确的做法是要把数学建模教学与实践活动联系起来，使彼此补充与互相推动，构成一个良性发展状态，进而培育学生分析解决实际问题的能力，锻炼学生的创造力，推动数学教育改革成果与实际应用的整合。

2.教学改革与教学管理的关系

教学改革和管理是提升数学教育质量的基础要素。应该要做的是两手抓，将二者形成合力，实现有机整合。尤其是在高校扩招的背景下，教学管理承担的工作任务非常艰巨，工作压力极大，大量课程需教务部门进行统筹协调设置。同时，增减课程会让一部分教师利益受损，还有些新增课程要补充师资。此外，建模教育是大学教育改革的关键点，教育模式改革会在极大程度上挑战学生管理工作和学生思想教育。这些问题并非是朝夕之间就可妥善解决的。数学建模教育改革具有极强的综合性与复杂性，是一项系统性教育工程，要求学校顾全大局，协调处理教学和管理间的关系，保证彼此有效统筹协调。

3.统一性与多样性的关系

大学数学教学拥有统一化要求，具备相应的标准，遵循教育规律，与此同时，还激励高校结合办学性质、优势等打造多元化教育模式与课程体系，彰显出高校教育特色。数学建模教育改革应该提高灵活性与开放性，贯彻因材施教，走现代化教育发展之路，以便为高校人才培养工作模式的创新以及教育改革的长效发展提供动力支持。

第五章　数学方法论视角下大学数学教学模式创新——虚拟创新教学

第一节　大学数学虚拟创新教学及其特点

数学学习创新的主要内容是学生构建新认知以及在建构中体现出的创造性思想理念和行为，是引导学生树立创新意识，促进创新能力发展的有效路径。虚拟创新教学模式正是在这样的大背景下提出的，下面对该模式的研究思路、操作方法以及实际特点进行一定说明。

一、创新与创新教育的初步认识

（一）对创新的认识

创新这个词语来自拉丁语中的 innovatus，可以翻译成更新和改变。创新是以现有事物为基础的一种创造性实践活动。我国《现代汉语词典》中对创新的解释是：摒除旧事物，创造新事物。创新特别突出的一点是无中生有。创新以"创"为根本立足点，目标追求是"新"。创新强调无中生有，新颖而真实，拥有实在成绩。

创新思辨：第一，传统认识是比较狭隘的，认为创新是崇高的行为，甚至只有创造了令全世界瞩目的成果才可以被叫作创新，如获得诺贝尔奖。但事实并非如此。创新并非崇高不可触碰的，只要和以往有所差别，具备新颖性，哪怕只是非常微小的新意。我们不能将创新当作少数人的事，也不能认为创新是绝大部分人不能碰触的事情。创新并非遥不可及，我们的身边就有创新，有效创新往往要借助积少成多方可得到。第二，传统层面上的创新理念过度关注人以外的物化事物，如发明汽车、神舟五号上天等，因为物化的创新基础是思维创新。事实上，我们不能树立过于狭隘的思想，不可以局限在物质层次，要加大思想创新力度，思想创新的根本在于教育。利用创新教育活动，推动思想更新进步，提升思维能力，从而收获创新思想。

在传统认识层面，把学生的学习与创新构建关联通常特别牵强。出现这一情况的主要原因是学生学的知识是专家学者和古代先贤哲人创造的成果，是他人的创新事物，不是一个新事物。不过把建构主义作为思想指导，学习过程可以被当作认知体系重建革新和逐渐成熟的过程。对每一位学生来说，均是持续创新过程，是推动一个人超越自我的过程。这样的创新，与我们日常认知的科学家创新在本质上是有差别的，所以在学习领域提出虚拟创新的概念。在数学学习领域，虚拟创新是学生作为独立个体，在学习数学时自主从不同角度发现与认知有意义的新问题、方法、规律等，持续不断地进行反思，触类旁通，加强组合，进而有意识地发展创新能力，为更高层次创新打下坚实基础。

就创新能力而言，因为思考的角度有差异，在整个教育界给出的理解也是有很大差别的。心理学家在研究创新能力结构之后指出：创新能力属于综合能力，不单是智力的体现，更是价值和精神状态的直接表达，涵盖多元结构，如创新思维、创新意识、创新个性等。所谓创新意识，是人们对创造性活动存在的心理倾向和态度。学生需要有主动发现和提问的意识，这样才能产生创新方面的主动性，进而产生认知冲突，形成解决疑问的需求和内在动力。创新思维在创新能力的结构体系中占据核心地位，一般包括发散与收敛思维。发散思维指的是站在差异化方向角度思索，探寻问题的多元化路径方法的思维模式。拥有发散性思维，可以让人在思维方面非常活跃灵敏，也会让人懂得变通，获得新认识和新的学习体验。收敛思维是尽可能借助已经获得的知识与经验，将信息和解题可能性引入条理化逻辑中，获得与逻辑规范相符合的最佳结果。收敛思维可直接供给创造性成果。创新个性是学生在创造性学习中获得的高级非智力元素，更是一种不可或缺的个性化心理，决定着学生的创新意识和思维。学生学习数学过程中的创新表现大多可以归入用新颖有效的方法，利用个人努力，主动获取知识，解决问题。所以，就学生而言，创新能力更多地表现在探索精神、求异思维、打破常规的想象和创造性利用已有知识解决实际问题方面。

（二）对创新教育的认识

创新教育的基础是素质和创造教育，是以二者为基础逐步发展演化而来的一种教育模式，提出于特定时代背景，同时在内涵方面也有着特殊性。20世纪初期，创造教育在国外的一些国家产生并且迅速发展起来，之后，又在学校中进行了推广应用。我国则是在20年代开始，由著名教育家陶行知提出创造教育的理论观点，强调利用多种实践活动，如搞小的发明创作等，教授学生怎样在创造原理的指导之下，开展发明创造活动。1999年6月，党中央国务院召开全国教育工作会议，颁布《中共中央国务院关于深化教育改革全面推进素质教育的决定》。这个决定明确给出了教育发展和改革的方向，要彻底打破应试教育，将培育学生创新精神与实践能力为要点，促进素质教育的普及发展，同时推动创新教育的贯彻落实。其中，创新教育以培养人的创新精神和能力为宗旨。因此，创新教育的基础特征是指导学生主动实践、创新与探索；创新教育的目的是培育学生创新精神，促进学生综合素质发展。创新教育并非简单地在学校教育中引入小设计、小发明的具体活动，是全面和结构性的教育变革，关注学生创新意识的树立和创新精神的培养，以便为创造性地开展实践活动打下基础。创造教育流于物化作品，创新教育更应关注思维层面，加强思想方法改造，促进思维水平提高，开拓思想，这对大学数学教育来说是非常必要的。创新教育要想产生更大的价值，不可以是孤立存在的，应该与学科教育有机结合，把创新思想在教育教学中进行推广，为实践和研究工作的开展打下创新根基。

（三）创新教育的特征

推进创新教育是如今教育改革进步的要求，是促进当代优秀人才培养不可或缺的教育形式，也是实现素质教育目标的必经之路，有助于适应知识时代，培育出更多符合社会以及企业需要的人才。创新教育不单是教育方法和内容的改革创新，更是重新定位教育功能，是一种带有全面与结构性变革的价值追求。创新教育的特点主要有以下几个表现：

第一，主体性。伴随着社会的进步，人们不再是受压迫、没有自主性的个体，人可以主宰自己的命运。因此，创新教育应该以学生为主体，开展面向学生主体的创新教育实践活动，从而引导学生主动融入、深入探究以及建构知识体系，创造性地进行自我认知与调控，向着个人目标不懈奋斗，让学生能够在学习活动中产生创新活力。

第二，全面性。创新教育的对象是所有学生，注重促进学生整体素养的提升，全面培育学生创造力与创新精神，进而为民族创新素质的发展打下基础。一方面，每一个学生都有不同程度的创造性存在，所以要善于挖掘，让学生的潜能得到发挥，进而推动学生全面发展。另一方面，创新教育需指导学生把握丰富全面的知识，开发学生各个领域的潜在能力，让学生的综合素质得到发展，而这也是学生创新的根基以及动力之源。

第三，探究性。创新教育不能脱离问题探究而存在，不然就会让学生丧失学习热情，就会让学生失去独立思考的能力，也无法让学生的思维碰撞火花产生无穷无尽的智慧。换句话说，探究是创新动力之源，要激励学生独立思考和加强探究，锻炼学生批判思维，鼓励学生大胆地表达自己个性化的见解，促使学生生出探究学习的兴趣和内驱动力，让学生从不同角度开展创造性思索，发展学生自主学习能力，进一步培育学生创造性人格和健全的学习品质。

第四，民主性。要保证创新教育落到实处，就一定要注意为学生营造民主和谐的学习氛围，以便让学生置身在没有约束的学习情境中，使学生可以自主探索，创造性地表达自己的认识，给出假设，得到创新决策。只有这样才有可能实现创新创造以及超越，提升学习层次和境界。而应试教育环境之下，学生迫于教师权威，不敢也根本不存在表达个性化看法的机会，于是学生出现了奴性思想，产生了依赖教师的情形，影响到学生的独立自主发展。

第五，超越性。从本质方面看，创新教育是引导学生不断超越和进步的一种教育形式，因此每一次创新都是学生对自我的一次超越。在创新教育中不能只要求学生继承前人知识，还需要进行创造性习惯的培育，不再满足于当前的自我，不满足于目前学习中获得的成绩，而是要努力地超越自己，超越现实中的自我，最终实现个人的价值，实现崇高理想。

二、大学数学的虚拟创新教学

（一）虚拟创新教学的提出

《中共中央国务院关于深化教育改革全面推进素质教育的决定》中要求，教育改革是当代教育发展的必然趋势，而改革的重点应是发展创新精神以及锻炼学生实践能力，教学改革的显著特征就是不管进行了怎样的局部调整与革新，一定会带来整个模式的转变。数学教学改革的真谛在于改革传统数学教育模式，不断探寻数学教育领域的新路径。创新教育并非一种固化模式，创新教育具有开放性和创造性的特征，也是一个创造性的过程，但模式是科学操作与思维的方法，会时时刻刻对教学产生不同程度的影响。数学教学把理论和实践联系起来，让二者拥有了沟通纽带。为将数学和创新教育结合起来，必须研究创新教育理论，并把该理论作为指导，打造数学教育的创新模式。

怎样促使学生课堂上开展自主性与创新性活动呢？对于这个问题，一直到现在都没有获得肯定答案，也没有一个答案可以被广大教育人员认可。不重视教师在教育中的价值是不正确的，关键在于如何推动教师改变角色，促使教师职能转变，使学生获得自主探索研究的机会，具备自主探究空间。同时，又可以让学生得到教师针对性的引导，消除学习中的盲目与随意性，规范学习路径，增强效率，保证学习目标的实现。

在整个教育历程中，根据师生地位和发挥的职能，常常将教学模式分成以下模式：第一，以教学为中心的模式。该模式在开展教学设计时完全围绕教师的教学活动推进，其优势是能够帮助教师更好地对学生进行管控，让学生可以顺利地完成课堂知识的学习，优化教学组织；其劣势体现在整个教学活动均让学生处于被动地位，只能被动接受教师灌输的知识。第二，以学习为中心的模式。在这一模式中，教学设计围绕学生的学习展开，其优势是能够确立学生主体地位，保证学生在学习活动中居于核心；其劣势在于很有可能导致学生的学习活动偏离正常轨道，教师不容易约束与指导，影响教学正常秩序，导致学生的学习效率与教学质量下降。

假如把这两种模式进行有机整合，那么最终建立起来的教育模式，不仅能够促进教师价值的发挥，促进学生学习效率的提升，还能够确立学生主体地位，培养和发展学生创新能力。将二者整合起来的教育模式是一种创新性教育模式，受此影响，学生不再被动学习，开始积极主动探究与思考，从已知向着未知领域探索；学生间的互动沟通合作以及学生的自主学习同时实施；教师单一化教学转变为激励和引导教学，有效约束课堂秩序，调动教学气氛，与学生构建和谐师生关系；教材内容是教师为学生传授的知识，还是学生投入构建式学习不可缺少的素材。只有这样才能保证学生完成学习任务，并将无意识创新升华发展到有意识创造的境界，真正提高学生创新能力。在这个过程中，教师要担当的职责非常艰巨，既要激励学生主动思考，又要在学生出现疑惑或学习障碍时加强引导，使整个课堂朝着既定的方向发展，落实教育目标。虚拟创新模式就是以上述思想为引导得到的现代化教育新模式。

（二）虚拟创新的含义

上文已经对创新进行了阐述，所以我们着重对虚拟概念进行剖析。virtual 这个词语在计算机领域应用很广，来自拉丁语 "virtus" "virtu-alis"，该词语本来的含义是可产生某种效果的内在力量或能力。从哲学视角分析，虚拟和实际是一对相对性的概念，但是它们在意义方面有着等效性。与客观实际相比，虚拟能够让主体在感知角度上获得效果等同感受。要理解虚拟的概念，我们需要把人们在平时容易和虚拟弄混的概念进行分析，通过对比加深对虚拟的认识。

虚拟与可能是完全不同的概念，可能与实在事物之间有纯粹逻辑关系存在。从哲学角度上看，可能性和现实性完全相对，可能性表明在形式上已经完全被构造，但是距离到达现实性还有着差距。

虚拟与模拟是完全不同的概念，虚拟要有条件，也就是要存在原型才可以虚拟。在科学体系中，模拟的基础是相似理论。不同学科中的模拟基础也不相同，如物理模拟的根据是物理量相似指标，数学模拟的基础是原型与模型的数学形式相似性。因此，模拟与原型之间是存在内在逻辑关系的。

由此可知，可能相对现实而言，模拟相对原型而言，虚拟则相对现实而言。

从认识论角度出发，主体对现实世界的理解依赖主体的心理感觉，如果这种感觉不存在，在认识方面就不具备认知价值。所以，具备心理感觉是认识论意义方面存在的必要条件。虚拟创新就建立在这样的特殊意义之上。

1. "虚拟创新" 与 "创新" 的思辨

"技术创新" "知识创新" 中的 "创新" 指 "前无古人"。首创性事物可以被称作是新，因为首创性任务把人类历史作为参照物，是综观整个历史，都没有人曾经发现发明的事物。很长一段时间以来，因为给创新的定位是非常高的，造成高校数学教育中学生对创新有质疑的态度。他们觉得通过数学学习获得的知识都是已经长时间留存下来的内容，根本不能提到创新这样的层面上。但是存在这一思想的人，不了解这些知识对从没接触过这些内容的人而言是新的。在学习新知识时，个体进行自主探究与发现，提出新认知，证明自己以前从没接触到的数学命题。这个过程对学生来说是创新活动。所以，就提出了虚拟创新这样一个非常恰当的描述概念。虚拟创新针对的是数学领域，和创新在思维实质上是相同的。学生的学习创新参照的是身边学生和学生自己过去的认知水平。学生创新通常不具备经济与社会效益，不过这样的创新让他们的思维得到了发展，促进了学生创新精神的树立。这是宝贵的活动，更是教师想要在教学中达到的层次。

对于学生来说，虚拟创新是解决以往或自身未解决的问题，自主得到新方法，找到新数量关系，对给出的数学材料提出创造性的组合与见解。张奠宙认为数学教学中的创新应该包括三个层次，即思考、发现以及善问。理解为创新打下了基础，而目前数学教育中存在的一个明显问题就是学生不理解自己正在做什么。要想创新，需要迈出的第一步就是要理解数学概念与价值，理解数学思维。创新的首要步骤便是理解数学价值、概念，了解数学思维。只有这样才算是透彻领悟数学真谛，而不单止步在题海战术上，这是数学创新的要义。以理解为真心，反复锻炼解题技巧，遇到困难迎难而上，从多个角度出发，探索方法，彰显自主思考的良好思维品质以及数学个性。数学学习创新与语文学科不同，不是可以创作个性化作文就算拥有了个体的创造创新，学生在学数学时要大胆提问，善于提出新问题。提问是数学创新的标志。

2. "虚拟创新"与"再创造"的思辨

在大学数学教育中，发展学生创新能力，我们先要在思想方面适当转变，不能把创新认为是结果，应该把创新当作过程。

本书同意弗赖登塔尔的教学思想，不过觉得"再创造"这个词语有些不够妥当。只要是创造者，就一定经历了从无到有的过程，收获了结果。学生利用个体学习活动，收获知识技能的过程，就是完成了未知到已知的转变，是创新过程。但是对他人而言，该创新过程并没有产生实质性的成果，因为这些成果是数学结构中原本有的东西。此外，"再创造"这个词语可能会让人在思想认识方面产生一种误会，让人觉得是重复历史的表现。要提高学生的创新思维，应该推动学生从已知向着未知领域探索，自主、创造性地提问或提出猜想，展开大胆推测以及证明。学生提出的问题或猜想可以是数学历史上曾经存在的，也可以是完全没有存在过的；推测证明，可能有些是历史重复，也有些是具有独到见解的，从这一层面看，历史过程重现只是一个说法。数学命题定理，经历了长时间和十分曲折的发展过程，假如只是有意识地重现历史，那么实际上是违背教育宗旨的表现。

（三）虚拟创新教学的总体思路、基本点和操作步骤

虚拟创新教育的组织形式是：教师先树立正确教育观念，该观念的核心是培育学生创新思维，结合教育内容，提前创编虚拟创新教育的教案，优化教学设计，列出学生要解决的问题，指导学习方法，介绍知识背景，让学生在教案和教材的支持下自主创新。

学生根据教案自主学习和合作探讨，并在无法通过讨论与自学方法解决问题时，从教师方面获得指导和帮助。教师为学生提供的是学生在学习中必要的教具、课件等材料，了解学生在数学学习方面获得的进展，并观察学生的学习过程表现，

适当给予引导和支持，使学生对问题的研究更加深刻和持久，抓住学习中的有用信息，创造有助于合作探讨的活跃环境等。

1.虚拟创新教学的总体思路

总体思路是：数学教学活动将学生作为学习实践的主体，引导学生自主学习，进行知识意义的自主构建，为学生指导学习方法和完善学习准备。数学教学以学生主体实践为根基，落实学生自学，主动构建数学观，给全部学生提供学习方法上的引导以及知识层面上的准备。在学生遭遇学习瓶颈时，借助生生互动与师生互动的方式，或是通过教师个别指导的方法，让学生的疑问得到解决，使学生在自学以及引导的双重作用下获得发展。借助虚拟创新教学，发展学生自主学习能力，发挥学生主体作用，让学生掌握学习方法和创新思路，进而为学生的全面发展提供动力支持。

2.虚拟创新教学的基本点

教师在虚拟创新教学中扮演着重要角色，在具体教学实践中需要把握以下两点。

（1）认知情境的创设

虚拟创新教学要贯彻生本理念，倡导以学生为主体的探究活动。目前高校学生因为在中小学就一直是被动学习，甚至已经形成被动学习习惯，到了大学阶段还不能自发地开展自主学习。所以，要有教师的引导作为支撑，使学生拥有认知方面的有效工具，该工具指的是教师创设的认知情境。

认知情境创设包括诱发猜想、引导直觉思维、刺激反思、指导提问。

（2）学习共同体的创设

通过心理学方面的诸多研究，学生在学习中的投入包括行为、认识和情感。其中，情感因素决定学生学习中的主动性与积极性。情感与行为参与性作为有效载体，同时促进认知参与。

在杜威看来，主体参与性活动是个人活动，也是社会共同体活动，是解决问题探究环节经验再构建。由此观之，主动参与涉及师生关系这个主要问题。

所以，为促使学生积极参与数学学习活动，必须创设学习共同体。学习共同体创设需要做到改善师生关系，和谐生生关系。

3.虚拟创新教学的操作步骤

虚拟创新教学模式的步骤主要有以下三个阶段。

（1）自学阶段

首先，教师需要在教育环境和条件的支撑方面着手，为虚拟创新教学的推进创造良好环境，同时辅助学生优化学习准备。比如，为推动合作学习模式的落实，教师从学生的学习能力、认知水平、兴趣爱好等方面出发，对学生进行科学划分组，一个小组由 5～6 个学生组成。在组织小组时，教师必须严格落实组间同质、组内异质原则，确保小组中的每一个成员，能够实现彼此学习以及共同进步。异质小组的成员，拥有差异化的性别、能力、学习背景、成绩等，因而能够让小组成员显现出多元化的特色，促使他们在合作学习的同时，扬长避短，进一步刺激学生产生强烈的合作热情。

其次，要对虚拟创新教案进行合理化编写，必须有教师对有关信息材料进行大范围的归纳总结，同时从实际教学中总结经验，以便保证编写出的教案符合学生学习规律，同时能够启迪学生的思维与行动。例如，教师在课下将自学辅导教案交到学生手中，要求学生在教案的指引下充分预习，完成课前的一系列准备学习任务；课上学习阶段为学生提供提问教案，其目的在于为学生设置悬念，确保教学情景新颖，能够引起学生主动动脑思考；在课后巩固学习阶段，教师为学生下发复习教案，其目的在于让学生在教案的引导下对课上学习的内容进行反思。

广大学生把教师设计的教案作为重要载体，在这样的指引下对教材进行自主学习。在虚拟创新教学的开端，教师就强调学生敢于尝试，同时也主动赋予学生自由的探索思考时间与空间。利用这样的方式，可以让学生步入主体地位，而学生在不断学习和探究中，假如遇到难题就会寻求教师的启迪与指导。在这种情况下，学习成为学生的内在需求，让每一个学生都成为"我要学"的实践者。有了积极动机的作用，学生可以有效凭借个人力量突破多个学习问题，同时也丰富了学生成功的学习感受，让他们在今后的数学学习中更加投入。

（2）讨论创新阶段

学生在完成自学学习任务后，会凭借自己差异化的视角与思路得到多种多样的学习成果，得到很多不同的解答方案，因而产生了合作讨论必要性，使学生走入讨论创新的学习阶段。就合作学习者而言，合作进程中生生间会进行彼此的意见交换，给彼此提供必要的学习支持，也让学生想要影响他人的欲望得到一定程度的满足；借助互帮互助的方法，让学生的归属需要得到满足；利用互相激励的方法，让学生的自尊自信需求得到满足。

合作学习不仅是虚拟创新教学大力倡导的教育模式，还是互动学习的基本形式。让学生在投入合作学习的过程中，掌握倾听策略，吸纳他人的意见，在尊重他人的前提下不断优化和补充个人的认识；在出现分歧时，指导学生进行热烈的探讨、沟通与解释，利用辩论和彼此互动的方式，让学生的主动性被调动起来，让他们进行思维的碰撞，消除各自的误解，探寻一个更佳的解决方案；在遇到实际困难时，鼓励学生加强协作，利用同伴的激励与支持找到共同意见，顺利地解决实际问题。在整个合作历程中，教师还需要让学生对合作成果进行交流分享，借助小组自评或教师整体评价的方式，引导学生养成反思学习的习惯，同时让学生在交流分享中收获成功的愉悦感，体验集体和合作的力量，让他们在今后的学习中有更加强烈的合作欲望。

面对学生遇到的诸多疑难问题，教师可选用两种处理方法：第一种方法就是对学生进行点拨。在学生就某一问题进行热烈探讨时，教师可以适当参与，应抓住有利时机进行追问和反问，让学生的思路得到指导以及启迪。第二种方法就是精讲。数学中很多问题难度和复杂度很高，而学生对于知识与技能是非常渴求的，他们急于揭开数学的神秘面纱，因此，教师必须要做好精讲教学，帮助学生理清思路，同时借助案例从个别问题升华到一般性规律，让学生可以举一反三、触类旁通，也让学生在教师引导下，顺利总结新旧知识间的关联，完善知识体系，增强分析综合能力，真正掌握学习策略。

在激励学生互动探讨时，教师需要关注优良学习氛围，以及教学情境的营造，保证整体环境民主平等与和谐自由，使学生能够放松身心，大胆提出疑问并勇敢争辩、发表意见，让创造性思维拥有萌发的土壤。

借助小组合作学习这样的活动，教师需要从整体上把握学生自学情况，对讨论进程进行一定的调整与把控。与此同时，教师须积极搜集不同小组给出的反馈资料，把握学生基础以及思维特征。针对个别化问题，教师可要求学生在小组内自行讨论解决，面对很多学生都存在着的共性问题，则可以通过全班探讨的方式解决。在有了小组学习作为推动力后，获得的问题集中性强，同时也有代表性与典型性，能够让教师开展精讲活动的效果得到提升。

（3）总结检测阶段

以上两个阶段主要强调的是让学生把自己学习到的理论应用到研究和解决问题方面，检测则是强调运用测验的方法获知学生的知识掌握与应用水平究竟达到何种水准。我们所说的总结检测阶段，不是人们常规思想上的考试，尽管检测和考试的手段具有一致性的特点，不过其目的大相径庭。检测的目的是反馈学生学习中的诸多问题，让学生可以及时矫正，为学生的知识整理和内化提供机会。教师还要结合检测结果的反馈进行反思，对以往的教学方法进行优化改革，归纳重难点以及诸多的思路方法，将知识梳理成线和网，凸显出学生的不足之处，使学生可以掌握知识基础结构和知识之间存在着的关联性，实现认识全面化与系统化。

三、虚拟创新教学模式的主要特点

由以上分析作为根据和保障，我们将虚拟创新教学模式的特征总结出如下四点。

（一）改变了数学知识的传授途径

不管是数学知识还是技能教学，虽然其目的，一个是让学生学习数学知识，一个是增强学生问题解决能力，但是二者都是单向知识传播过程，即从教师到学生。运用灌输法把教师加工处理的知识内容教给学生，在教学中发挥了教师主导作用，但常常无法确保学生主体作用的发挥，同时学生也不具备借助多元材料自学的机会，制约了学生创新意识与能力的发展。虚拟创新教学模式的提出改变了以上现状，给师生提供了多渠道知识传授的路径，也给出了师生以及教案、团队、教材间的新型关系（图5-1）。另外，在新型关系的引导之下，学生可以有效将知识结构转化成大脑中的认知结构，而教师则扮演了推动组合体互相作用的催化剂角色。

图 5-1　新型关系

（二）有利于培养学生创新情感和创新意志等非智力因素

有了虚拟创新模式的助推，数学教师不再是教材代言人，可以因材施教加强对学生的引导。教师的突出作用是激励学生学习动机的产生，促使学生自主学习，让学生真正成为课堂学习以及创新的主人，拥有自主权、自决权与自探权。毋庸置疑，受到多种因素的影响，学生差异是永远存在的，要促进教学效率的提升，就要为学生创造层次性知识学习的机会。教师在课堂教学中，不要在每堂课上运用一刀切的方法，而是要花费更多时间关注学生的个体发展，使学生拥有自主学习和探究的平台，让学生朝着个性化的方向进步，达成差异化目标。也就是从整体角度出发调控教学进度，设计多元化和个性化的教学活动，落实教育目标；从微观上进入学生群体，抓住有利时机，做好对学生的指导，同时吸纳学生给予诸多反馈信息。让教师的人格魅力得到充分展示，让学生的刻苦学习精神以及意志力得到锻炼，让学生特别是差等生可以得到教师的关爱，重塑信心，奋起直追，向着优等生转化。只有这样才可以完成教育任务，同时还可以挖掘学生内在潜力，让每个学生找到自己的最近发展区，并在他们各自的领域获得更好发展。

（三）有利于学生体验探索知识的过程、领会创新方法

创造教育家托兰斯在其一系列研究中得出一个结论：要保证创造教育收获成功，最为基础的工作就是激发学习兴趣，调动学习激情，让学生成为学习的主人。教师在这一进程中，不单要引导学生学会，还需要让学生会学，也就是让学生在学习知识的同时掌握学习方法，促使学生用科学化方法与观点获得收获，运用创造性思维进行问题的思索与探究。学习是教学的根基所在，而学法是教法必不可少的根据。掌握科学化的学法，提升学习能力，远远比学习教材中有些内容更重要。在虚拟创新教育进程中，一方面，教案能够在一定程度上代替教师的角色，给学生参与学习活动提供指导，让教师从繁重的教学任务中解放出来，有更多的时间运用个别辅导方法帮助学生。另一方面，学生自主制定学习目标，结合实际安排好自己的学习进度、选择自学方式，进而让广大学生拥有独立自主权，成为真正意义上的学习者。学生可以从自己的实际情况出发，实现各自层次范围内创新素质的发展。

在现代认知心理学的研究过程中，把认知领域知识划分成三个种类，分别是陈述性、程序性以及策略性知识。数学教育的核心任务在于让学生掌握策略性知识应用方法，也就是教给学生怎样获得知识，让学生能够科学高效地自学。在具体的课堂教学中，利用教师与教材传授的方式，为学生提供的绝大多数属于陈述性知识，还有一部分是程序性知识。而这些内容只能为创新提供基础，无法培育学生创新精神。教师要注意在教学中针对不同问题，带领学生归纳总结拓展，事实上，这正是让学生掌握学习策略的过程。学生可以在丰富问题解决技能的前提下把握学习策略，学会思维控制与运用方法，开展创造性的学习，将学习活动引向更高层次。

（四）有利于建立新型师生关系

师生关系处在不断发展变化中，其发展历程可以分成三个阶段：第一个阶段

是以教师为中心建立的师生关系，第二个阶段是以教师为主导和以学生为主体建立起来的师生关系，第三个阶段则是以学生为中心建立起来的师生关系。伴随着教育改革和教育新理念的产生与发展，大量教育者开始对以教师为中心的教育方法提出质疑。在提出了很多个别化教学方法之后，原有的教育秩序已经逐步被打破，教师在教学中的功能有所降低，学生不再一味受教师的约束与束缚，重新获得了自由自主的发展空间。教师为主导、学生为主体的观念出现在现有的教育条件下，事实上是一种折中思想，目前已然被以学生为中心的新教育观替代。未来教师角色应该是这样的：教师的职责更少地放在传授知识上，更多地放在引导学生自主思考上；安排好创造性实践学习活动的时间和活动设置；师生之间彼此了解，对学生实施积极影响。在查理斯和艾伦伯格看来，如今我们所处的新世纪拥有知识经济与信息化的显著特征。这些特点的存在对我国教育的改革发展提出了全面变革的诉求，而传统学习方式也在向着创新学习转变。这就需要教师能够彻底打破传统课堂，不再将重点放在传授知识上，而是成为学生学习道路上的引导者与参与组织者，教师需要不断提升适应性以及灵活性，更加协调有序地处理好教育工作。结合现代教育思想，教育设计不管在时空还是内容方面，抑或是学习策略方面，都必须以学生为中心，让学生不再被动式地学习，而是成为学习的主人。教师所承担的任务则是把握学生个性化的学习特征，立足学生差异，提出因材施教法，引导学生认知方法。因此，教师要完成自身角色的转变，与学生建立新型师生关系。

数学这门学科非常严谨，知道和不知道存在着非常明确的界限，因为教师在知识、能力、阅历、经验等诸多方面都优于学生，很多时候会在教学时产生师生距离感和隔阂感。传统教育模式阻碍了学生的合作互动学习，而虚拟创新的教育模式则能够弥补这些缺陷，让学生可以建立亲密互动的良好关系。教材和教师设计的教案是教授数学知识的基础载体，发挥的是引导学生思路的作用。在这样的情形下，教师不必重新论述，学生可通过自己的能力读懂教材，更不用替代学生自主思考。学生有了教师的耐心指导，把自学作为主要途径，同时把动手和动脑结合起来，进行独立自主的学习、练习、阅读、思考与解决实际问题，进而构建新型师生关系，适应虚拟创新教育的新环境。

第二节　大学数学虚拟创新教学模式的基本内容

不管要形成怎样的教育模式，要把正确理论作为引导，避免在实践中出现盲目性和低效性的特征，让这样的教育模式可以在落实中显现出勃勃生机。在现代教学理论体系中有很多理论，如发现式理论、建构主义理论等，这些理论都是综合教育学和心理学的重要理论成果。数学虚拟创新教学是吸纳了很多现代教育理论精髓，结合不同理论在实践中出现的缺陷，开展的一种创新性的尝试与探究活动。

一、教学焦点——问题解决

解决问题是心理学中的概念，很早就受到心理学家的关注。行为主义心理学问题解决的观点是一种低级解题活动，而认知心理学问题解决的观点则是一种高级解题心理活动。在数学教育中，问题解决是美国在 20 世纪 80 年代提出的课题，到了 90 年代这个问题的讨论发展到高潮。问题解决是数学教育的一个重要目标，问题解决是探究和创新过程，问题解决是基本技能。

（一）关于问题、问题解决者和问题解决

通过整合认知心理学的观点，问题解决属于高级学习方式。有很多权威人士，如鲁宾孙，把问题解决列入仅次于创造性的有意义学习体系。R.M. 加涅在《学习的条件》初版中给出八类学习，从低到高是这样设置的：①信号学习；②刺激－反应学习；③连锁学习；④言语联想；⑤辨别学习；⑥概念学习；⑦规则学习；⑧问题解决。这些权威人士将问题解决当作高级智力实践活动，因为在这样一个活动中涵盖大量认知心理的内容。

先要解决的是问题是什么。1945 年，卡尔登克尔给问题下的定义是：问题出现在某一生物拥有目标，但不知怎样达到目标时。杜威指出，问题产生在人们遇到困难时。在西方心理学的研究领域得到一个普遍性定义是：问题是个体想做某事，但无法立即知道做这件事所需行动的情境。

现代心理学给出的观点是：某情景初始状态以及目标状态间的障碍就是问题所在。这个障碍是相对主体认知心理来说的。在深层研究过程中，纽厄尔和西蒙对问题主客观进行了划分。从客观方面看，把任务叫作任务领域；从主观方面看，

是问题空间。问题空间包括初始状态、目标状态和中间状态。

问题解决者是解决问题的主体，是能够有效解决问题的人的统称。如果从广义上看，问题解决者除了人和其他生物外，还有智能机器。现如今，人工智能的研究正在不断深入，从中也获得了越来越多的研究成果，借助智能机器解决实际问题不再是梦想。

问题解决发生在问题解决者参与到解决某问题的认知活动时。波利亚对问题解决给出的定义是：发现解决困难的路径，绕过障碍的路径，达到难以瞬间达成的目标。

梅耶在问题解决定义的认识方面给出了比较深刻的思考：第一，问题解决有认知性；第二，问题解决是一个过程；第三，问题解决是可以指导的，问题解决者会尝试性地朝着不同方向努力。皮连生认为问题解决包含以下几个重要内容：第一，问题解决过程是认知的；第二，问题解决拥有一个过程，需要解决者操作自身已有的知识经验；第三，问题解决过程具有目标性以及导向性；第四，问题解决拥有个人化的特点。

（二）问题解决的过程

在心理学的研究活动中，探讨的主要是问题解决中问题空间认知操作转换过程。人们对认知操作有很多不同的解释存在，早期认知心理学在解释时源自格式塔心理学的解决观，强调问题解决心理过程是整体理解问题情景，把着力点放在问题解决顿悟性质这一方面。在这之后，奥苏伯尔与布鲁纳发展了自己的理论，认为问题解决心理过程是认知结构组织和再组织，把侧重点放在原有结构作用上。信息加工心理学在实际阐述方面则出于不同角度，认为问题解决是一个信息加工的过程。现代认知心理学则认为问题解决应该把建构主义认知观作为引导，指出认知转移不是机械性过程，而是一种能动选择与加工。R.M.加涅在《学习的条件》中给出了学习论的新体系，同时得到问题解决的新解释。这个解释是运用知识分类学习习惯进行问题解决的阐述，将问题解决当作三类知识的综合运用。这样就将认知心理学问题解决理论引向了更深层次，也为实际教学中解决问题提供了研究框架。

在面对问题解决时，我们通常会将其分成不同阶段或是分出很多不同环节。布朗斯福特与斯特恩把问题解决过程划分成五个步骤，分别是问题识别、问题表征、策略选择、策略应用以及结果评估。斯滕伯格则提出了六个步骤，认为问题解决包括确认、定义、形成解决策略、表征资源分配、监督、评估。六个步骤是解决问题的循环，因为在解决完一个问题之后，就表明另外一些问题的出现。杜威也提出了问题解决的步骤：第一步是产生怀疑，认知方面的疑惑或者困难思想；第二步是在问题情境中识别问题；第三步是在情景中把命题和认知结构建立关联、激活背景以及以往得到的问题解决法；第四步是检验假设，再次阐述问题；第五步是把成功答案组合到认知结构中，将其应用于手头问题或同类问题的陌生例子。沃拉斯站在创新角度给出了问题解决的步骤安排，分别是准备、孕育、明朗以及验证，带有创造性思维的显著特点。除此以外，现代认知心理学从信息加工角度出发，描述了问题解决过程。我国著名教学论专家高文将问题解决过程归结为五个阶段，分别是：问题的识别与问题的定义、问题的表征、策略的选择与应用、资源的分配、监控与评估（图5-2）。

图 5-2　问题解决的一般过程

我们可以看到，以上观点给出的问题解决过程在表述方面带有一致性的特点，不过，差异化的解释也体现出问题解决中的不同侧面。时序性特征为问题解决提供步骤；创造性特征用于启迪解题思维与方法，同时也对问题解决中的思维隐性部分进行特别关注，为探究问题解决中的诸多思维打下基础；基础加工模式体现出问题解决过程心理要素非常复杂，也注意到当中诸多因素，尤其是监控因素的巨大价值。人的神经系统在对信息进行加工时，会引起认知联结与图示转移程式，还会控制程式发生方向。上述问题解决过程主要表现了人在这个过程中高级智力活动特性。

解决问题过程同时也带有外部性的特点，这样的特点在如今的教育领域普遍存在着。人们往往会将这个外部表现形式分成问题提出、表达、求解、验证。提出问题是想要达到一定的目标，但不知用怎样的途径，对应的是心理过程中的认知困惑。问题表达是对提出的问题依照一定方式，在一定学科内容中抽象概括并进行表述，对应的是心理过程中的识别问题。问题求解是在一定逻辑与学科方法下，找到问题解决的方法，对应的是心理过程中的认知联结与图式转移。问题验证是对结果准确性进行检验，对应的是心理过程中的反馈和回顾。

（三）数学问题解决

数学问题解决形态各异，有学科形态，也有教育形态。本书要探讨的是教育领域中数学解决的相关问题。

首先，数学问题是什么？

$1+2+3+\cdots+100=$ ？是数学问题吗？针对已经掌握了四则运算的学生来说不是问题，如果强调学生要在两分钟之内得到结果，原本不是问题就成了问题。因为在对其进行解决时要用加法逐步计算，而且要计算的数字数量很多，在两分钟之内获得答案是不可能的，于是挑战了学生智力水平。所以，数学问题具有智力挑战特点，是没有现成方法、算法、程序的未解决问题情景。数学问题的特征主要体现在：第一，有问题存在。第二，在学生已有知识经验与能力的条件下拥有诸多解决法。第三，学生可找出类似问题。第四，涵盖的数据可以分类、制表、组合、分析。第五，可借助模型或数学图象予以解决。第六，学生存在兴趣或有趣答案。第七，可让学生凭借已经具备的知识方法进行推广。上面描述的问题特点是数学问题在主体认知方面的表现，不具数学性。数学新特点体现在问题解决中的数学方法与知识特征上。所以，我们可能需要明确区分数学问题的外延，如传统数学习题、思考题、数学建模等。

正是因为有着这样的分类，体现出数学问题在不同侧面的数学内涵。

究竟什么才是问题解决？全美数学教师理事会给出了具备权威性的解释，指出问题解决包含把数学应用到客观世界、为当前和未来的科学理论发展和实际处理提供服务、突破数学学科前沿性问题；数学问题解决是创造性活动；问题解决能力发展的基础条件是好奇心、虚心学习以及探究的学习态度等。通过对以上内容进行分析，我们发现数学问题解决有三个部分的内容：第一，数学问题解决外部特点是数学问题解决的对象。第二，数学问题解决性质是创造性活动，不管是哪一种类的问题解决，都有着共性，那就是能够反映主体创造性，因此问题解决中一定会有主体创造思维表现。第三，数学问题解决的动力因素包括了对问题解决的监控与调节过程，同时反映了数学问题解决在主体的内部自理、观念上的功能取向。

综观目前我国的数学教育，很长一段时间以来特别关注对学生进行技能训练，这样的教育模式体现出我国是一个重视培养学生基本解题技能的国家。我们必须特别认可的一个内容就是，在基础教育时期，对学生进行基础知识与能力的培养是十分关键和必要的。但是，这不能成为我国在教育领域忽略引导学生解决开放性问题的理由，因为这样的做法非常片面，会影响到学生创造力的发展。所以，在我国范围内开展数学问题解决研究，应该把侧重点放在问题解决创造性上。比如，问题解决从本质上看，倡导的是用创造性思维和创造性的方法促进问题的解决，让学生可以秉持数学观，发展思维能力，而不是单一强调题海战术。数学教育中问题解决在不同历史时期的内涵也有所不同，是不断发展变化的。将提倡问题解决的创造性作为根本要求，已经成为当代数学教育改革的必然选择，也是传统数学教育弥补弊端的有效措施。在今后的教育中，要大力提倡创造性思维，始终让创造性思维作为问题解决的核心。

（四）数学问题解决的过程

关于问题解决过程的论述，首推波利亚给出的表述，包括了解问题、制订计划、实施计划与回顾。这是一个问题解决的过程思路，但并不是解决问题一定要按照这个模式，更不能用单一化的模式将解题思维固定化。之所以对解决过程中涉及的步骤进行一定的论述和说明，是要启迪学生在问题解决中恰当选用合理思路。波利亚认为数学解题就是借助启发教学法，诱导学生产生创新思维和创造意识，在解题过程中包含学生的意愿以及学生的大胆猜测。所以，我们称这个过程是启发性策略步骤。在了解问题阶段，心理认知方面经历的是怎样表征问题过程，在外部形式上是用数学方法抽象概括和表述数学问题。制订计划主要是探索解疑，寻求与问题相关的联想。在实施计划阶段，事实上是依照一定的数学逻辑，对自身设定计划展开演绎。这个阶段还存在着反复过程，如果出现没有预见的内容，需要推翻原有计划，重新拟订计划。回顾阶段至关重要，强调的是将问题解决阶段收获的知识、方法、经验进行整理组合，并改造和完善成知识体系。

近些年，有一些学者站在认知心理学的视角，分析说明了数学问题解决的过程：数学问题解决是在元认知的作用下，由图式激活（活化相应数学认知结构）、图式寻求（利用数学认知结构寻求解法）、图式评价（利用数学认知结构评价解法的合理性）、图式重接（重新组织新的有价值的程序，优化数学认知结构）四阶段组成的超循环系统。

在探究问题解决过程中，关注内部特征表现的是在数学教学中推广认知建构理念。因此，从关注问题解决外部特点转到内部特点，可当作数学教育研究范式方面的巨大转变，而这样的转变可以刺激学习者主体作用的发挥，增强问题解决的自觉性，形成对创造性思维的培养。

对问题解决过程进行研究还要在理论层面上深入探究，在实践策略方面加大改革力度。上面所提到的转变，并非在传统基础之上进行形式上的转变，而是要对问题解决过程规律展开研究，在理论与实践的根基之上，寻得实质性突破。从问题解决转向数学思维拥有极大的价值，在实践方面可以更好地体现改革实质，避免片面性的教育做法，让学生可以在思维领域获得飞跃，完善创造性思维品质。

（五）数学问题解决是手段而不是目的

在国内高校数学教育中，问题解决教学的效果通常不够理想与突出，主要原因是：第一，学生早在小学阶段开始就处在被动学习模式中，现如今一跃让他们抛弃接受性的被动学习，转为主动学习，会让学生出现不知怎样支配个人思维的困惑，也会困惑于应该怎样对学习进行合理安排。第二，为了更好应对教育中安排的各种考试，教师不愿意也不敢尝试对教学策略进行改变，因为新方法常常会让他们不顺手，不如传统方法熟练。在问题解决的公开课中，虽然注重课堂提问这一重要环节，但是大多时候都是要求背诵定理公式或是判断正误，根本没有启迪思维的力量以及探索性的特征。课堂练习主要是机械性解题与模仿，学生虽投入到题海中，但不知道这些题目反映的事实只是应用了定理。由此观之，虽然每天都在不断解决数学题，但解决的并非创造性问题，而是容易让人思维僵化和封闭的问题。

教育的最终目标是要培育和发展学生的综合素养，其中问题解决能力是要点。但是，解决问题不是目的，而是一种达到最终教育目标必须要运用的手段。通过带领学生用不同方法解决问题，可以锻炼学生的能力，让学生在进入未知问题情境时，合理运用已学知识解决。同时还会锻炼学生的主动发现和探究能力，让学生养成细心观察问题和善于从不同角度探究新策略的意识。假如在传授问题解决方法时，把方法看作以往传统课堂上的理论知识，要求学生机械性背诵，让学生持续不断演练，那么解决问题就不再具有任何价值。在应试教育的影响下，不管是学生还是教师，都认为解决数学题的目的是收获更高的数学分数，于是出现了为解题而解题、为获得高分而学习的不良现状。这实际上是一种舍本逐末的表现，是无法从真正意义上锻炼学生探究能力的。

二、主要特征 —— 探索与发现

创新教育中，重要的并非只是解题，还在于发现问题和提出问题。只有善于在学习中发现疑问，并大胆提出质疑，才可以在工作生活中发现不足，获得一个又一个创新点，收获丰富的创新学习成果。创造理论说明每个人都拥有创造力，每件事情都能够创新，所以创新并不是某一个人的专利。要想成为一个能够创新并且善于创新的人，那么就要努力成为一个有心人，在创新方面留有一颗赤诚之心，主动发现问题。有很大一部分学生不能创新，其原因是他们缺少发现问题的能力，或者发现的问题没有很高价值，从而影响到创新动力的产生。

（一）在数学教学中，要给学生探索和发现的机会

发现式教学法是布鲁纳最先提出和大力提倡的学习模式，主要凸显的是证明和猜想两个部分。学生需要在教师指导下，借助数学材料主动探究，而非消极被动地接受知识灌输；教师不为学生供给现成性数学知识，而是借助营造问题情境的方式，刺激学生产生兴趣，调动学生积极学习情感，培养学生自主探究动力与积极性。布鲁纳指出，发现法有四个重要优势，分别是激发思维潜能、培育内驱动力、掌握发现技巧和促进记忆保持。

布鲁纳提出的发现式教学法，强调以推动学生探索能力作为主线，开展一系列的教学活动，同时要求学生在教师指导下，如同科学家发现真理一般利用个人探究与学习，发现事物因果关联与内在关联，进而构成概念，收获知识。

接受式学习方式是一种传统方法，要求学生通过教师的灌输获得定论，而发现式学习则彻底转变了以上现状，可以让学生利用个人努力探究发现知识。发现式学习不以定论的方式为学生呈现学习内容，要求学生主动参与和开展某些心理活动。从发现式学习的过程看，课题学习并不是占据重要地位的内容，重要的是学生的探究和发现，是学生的整个学习过程，也是学生在整个过程中的思维飞跃。在发现式学习过程中，学生需要不断尝试，即使在尝试过程中出现错误，也要持续不断地尝试与改正，让知识探究更加丰富而深入。

布鲁纳特别指出，要将发现式学习应用到教学中，教师必须对学科结构进行熟悉和把握，掌握科学家发现原理的过程，同时还需要有灵活性等综合素养。一般情况下，发现式学习根本没有现成方案，需要考虑不同学生以及学习内容等实际情况，灵活自主地进行设置；要求教师营造有利于推动学生自主探究的学习环境，为学生提供大量探究发现的机会，确保提问的启迪性以及诱导性；让学生可以主动猜想，在数学体验中获得深刻而丰富的数学感知，体会数学的不确定性；让学生在自主探究资料与归纳总结中获得结论。

这样的教育模式能够彰显学生主体作用，同时也能够发展学生的发现知识策略，更好地将多种思维锻炼进行有机整合。我们也需要注意，激励学生自主发现和探索，虽提升了学生自主学习能力、自觉性、自我调控与管理能力，甚至远远

超出一般学生的心理能力，但通常会造成教师地位不突出，由于没有一个准确性的目标作为方向导向，易变成费时耗力而又无法获得高效率的学习模式。

发现式学习理论给我国的教育事业发展提供了良好的方向，也启发了大量的学者，并得到了尝试教学理论。该教学理论，先让学生在教材指导辅助下尝试着自主发现，必要时由教师给予指导。传统教学是一种灌输存储发展到再现的过程，而尝试教学经历的是从尝试到研讨再到创新的过程。教师在教授知识时给予学生的并非是现成的，而是事先提出疑问，让学生在尝试情境中学习。因为不存在现成性答案，也没有固化思维作为约束，于是能够让学生进行各种不同的尝试，使学生的学习热情被激发出来，也拓展了创新空间。

（二）发现和提出问题是培养创新能力的关键

创新能力应该涵盖四个方面的能力，分别是发现、分析、解决与深化问题的能力。发现问题能力是发现结论、解决方法和提出问题能力。分析和解决问题能力是洞察事物本质，用数学观点方法解决实际问题。深化问题能力是一种重要的反思性学习习惯。思考问题实质或内在关联，从中获得启发并从纵、横两个方面进行深层次的拓展，实现命题的推广与引申。

不管是哪种数学问题，若想出色地解决它，就一定要开展探索，这个探索的过程在本质上属于知识发生过程。而数学教材往往会延续这个过程，只是给出结论与综合证明，这样是不利于学生探索创新能力发展的。老师应该加强对知识发生发展过程的研究，并把这些内容进行分解，变成多个问题，逐层地探索发现，让学生在循序渐进的过程中，提高问题意识，学会多问为什么。例如，这样的解题方法，自己怎么没想到呢？自己在解题时出了什么问题？自己忽视了哪些知识点？这一知识点在其他新问题中是否还能够应用？

总而言之，问题提出及解决都强调的是过程，要想达到这样的教育效果，必须突出学生的主体作用，让学生进行自主学习和发现，鼓励学生大胆提出质疑。虚拟创新模式的基本落实方法，就是让学生在自学中领悟用怎样的思维和方法解决问题，最终让学生窥得尝试和创新的精髓。

三、基本组织形式——自主创新学习

（一）对自主创新学习的认识

建构主义的思想观点是：认识是在认知主体与客体互相作用的过程中形成的；认识发展是通过认知结构持续不断的意义构建中获取的；建构过程呈螺旋上升。建构主义教学观重视的学习法是以教师为引导，以学生为主体的学习模式。在这个模式中，教师是教学组织者，学生是主体。和这个模式相匹配的学习环境包括四个要素，分别是创设情境、组织协作、加强会话和意义建构。从一定程度上看，建构学说是继承扬弃传统学习理论的学说。建构学说秉持的根本精神是：数学学习不是一个接受性和被动性的过程，这个过程是主动建构性的。数学知识不能从一个人迁移到另一个人的大脑中，想要获得知识，就必须利用实践操作、交流、互动、反思等方法达到目的，利用主动构建的方式。换句话说，教师在对学生进行数学教学时，需要经过学生主体认知消化以及加工处理，使学生有效适应教学结构，进而促进学生的深层次理解与把握。之后，还需要通过反思和环境沟通的方式，健全知识结构。

在几千年前我国就已经进行与学生主观能动性有关的研究活动。孟子强调教不是教学的开端，必须落实学而后教，让学生可以自学、自求和自得。朱熹强调学习是学生自己的事，任何人都不能够代替他们，最优质的学习是自己读书与思考，他特别反对他人将内容领悟之后直接被动灌输给自己。蔡元培认为良好的教育是学生自主探索的教育，即使在这一过程中，教师不讲授，在学生用尽不同办法实在无法解决问题的时候，再去给予学生启发指导也是可取的。叶圣陶则强调要激励学生通过发挥自己的主观能动性尝试着学习和理解，不管这个尝试是不是成功，都会受益匪浅。

但是很长一段时间以来，教师始终将侧重点放在怎样将数学结论准确灌输给学生，学生只要认真听讲和记录，并在考试时把自己背诵的知识直接写在考卷上，就算完成了一个周期的学习。长此以往，学生在数学学习方面会显现出呆板和机械性强的特征，违背创新教育。

现在教学注重的不是直接灌输，想要真正在学习方面为学生提供帮助和指导，促进学生全面发展，保证教学法服务于学生的学习，让教学过程中拥有和谐的师生互动交流、共同进步与彰显个性的动态化过程，那么，教师需要创新教学法，机动灵活地采取不同组织形式，让学生主动学习，积极收获。

（二）自主创新学习的特点

自主创新是创新教育最基本的特点，其中自主是创新的前提。对广大学生而言，不管收获的知识和方法是多么的浅显，甚至不值一提，只要这些内容是学生用自主探究学习收获的，对于学生来说就完成了一次创新。假如知识方法非常新颖独特，但不是自主探索获得的，而是从教师教授中获得的，则不可以称其为创新，学生也丧失了一次创新体验的机会。

（1）提倡学生自主作用的发挥，倡导将教师教学作为指导，将学生学习作为主体，实现二者的辩证统一，彻底打破传统教育，改革应试教育。教师在实际教学中，只要是学生能够凭借个人的力量解决，就不替代学生，让学生拥有自主学习的机会。如果学生遇到了无法解决的障碍，则让学生组成学习小组，在组内进行生生互动探讨，实现智力启发以及互补协作，碰撞出思维的火花。教师通常不急于给出个人观点，而是先提出关键问题，让学生的思维进行碰撞，刺激灵感的产生，抑或是开展拓展性的数学训练活动，调动学生的创新思维。

（2）提倡指导学生学习法，推动教学法与学习法的统一，促使学生运用自主建构方式，建立自身的知识体系。教师在教学时，要打破填鸭式教学，关注知识发生发展的过程，扮演搭桥铺路的角色，加强对学生的指导，让学生大胆尝试，学会概括归纳、逐个击破问题，完成知识的内化与迁移，建立系统性的知识网，让学生的认知水平获得整体性提升。

（3）自主创新学习需要激发学生积极的学习情感，调动学习兴趣，培育主体参与性的学习意识，保证每个学生都可以投入到数学学习活动中。

（三）自主创新学习的合理性

高等数学与初等数学进行对比，实现了质的改变，是前人创新思维凝结而成的，包含着非常丰富的创新价值，是对大学生进行创新思维品质培育的优秀材料。大学生群体有着非常坚实牢固的双基，拥有创新知识基础，而且他们也有勤于思考和独立解决问题的意识，同时，大学生的心理已经达到较为成熟的阶段，是培育创新思维的最佳对象。高校的广大教师拥有渊博的知识，对教授科目有极高的造诣，同时也拥有大量的教育心理学与教学方面的经验，能够把学生引向深层，让学生可以深层次探索知识奥秘，能够成为学生创新思维发展的优秀导师。从主客体这两个层面看，高等数学教学对学生进行创新思维教育具有极强的可行性。学生可以选用自主创新的学习方法，丰富实际经验以及亲身经历，真正投入到知识学习过程中，从中获得身临其境的感受与体验。同时，在这个过程中建立知识体系，提升学习效率，锻炼创新意识和创新能力。

系统科学给出理论，任何事物均是一定要素构成的具备结构性的系统。自主性的虚拟创新学习也是如此，是多个要素构成的一个学习系统。该系统设置有明确的目标，并且在内部有诸多要素之间的合理化关系设置，教师—教学内容—教学方法—学生—检测—教师，经历这样的信息传播过程，与信息传播规律相符合，同时让信息传递更加高效。

学生自主性是一个非常值得探究的课题，我国在这个课题的研究方面集中耗费了很多心力，进行过大范围实验的是自学辅导法。卢振恒在 20 世纪 80 年代逐步推行自学辅导实验，该实验获得的效果非常显著。该方法之所以获得成功，是因为其拥有诸多优势，具体体现在：能够让教与学的关系进行有效协调，该关系具有良性发展性的特征，没有教师的一味包揽，也不是学生的随意无序，是发挥教师指导作用的学生自学；有助于促进学生自主能力发展。学生可以把教材作为基础，可以将教师指导作为动力，通过自主探究手脑并用的方式自学自练，可以让学生的学习境界得到质的提升，进而让学生的学习习惯得到有效塑造。

四、基本目标——良好的数学认知结构

认知心理派认为学生学习过程是原有认知结构中有关知识和新内容的同化迁移，在此基础之上，构建先认知结构的过程。建构主义学派认为学生学习过程是逐步重建新认知结构过程。格拉瑟斯菲尔德很早就强调在教学过程中，帮助学生完善认知结构，让学生在教师指导下，获取特定领域的知识与经验。

（一）数学认知结构

在皮亚杰看来，认识起因于主客体间相互作用，同时包含着主体和客体这两个部分。

认知心理学认为，刺激与反应的整合中介是主体的某种结构，这个结构就被叫作认知结构。R.M. 加涅则认为学习和心理发展就是形成在认知结构上的。

学生在数学认知活动中也有着某种结构，即数学认知结构。数学认知结构是学生大脑中数学知识依照自身理解深度广度，根据自身认知特征，组合构成的拥有内部规律性的整体性结构。

（二）良好的数学认知结构的特征

数学学习目的不单是学习现有知识，还应该将知识迁移到新的学习情境中，运用创造性方法，突破数学难题。

1. 良好的数学认知结构的广阔性

认知心理学的很多专家注重研究专家与新手在解决问题方面存在的差别，最终的结论是认知结构的不同，给其造成的影响是最大的。新手拥有的知识只是表征问题，是非常浅显的内容，从这一角度出发，他们得到的是表面与个别思考，如果要对他们的学习与认知进行扩大，促使其将所学知识迁移到新情境中，就会让他们遇到极大的学习难题。相反地，专家拥有以深层方法对问题进行结构表征

的能力，可以在深层次的知识学习与研究中得心应手。

良好的数学认知结构的广阔性是从量与质两个层面描述的。

（1）从量的角度看，应该具备丰富的知识面以及扎实的学习基础。知识涵盖数学知识、经验以及观念。在教学中，学生的知识面必须包括上面的三个内容，而不是单一地关注数学知识的获取，引导学生树立正确的教学观念，收获丰富的学习经验。否则，学生在学习方面注重对知识进行总结和梳理，却不会归纳概括数学经验与体验，让学生的认知结构在量上没有得到好的积累和平衡性发展。基础牢固指的是数学认知结构基本成分是否具备丰富背景和有效感知。

（2）从质的角度看，应该具备高质量知识组块。高质量指知识内化程度高，理解程度深。内化知识是把知识转化成个人心理品质，也就是说，知识已经被学生深层次理解以及科学运用，让学生在迁移时更加顺畅，也促使学生掌握灵活运用的方法。如果学生没有完成知识内化的过程，就没有真正意义上理解知识，所以主体即使掌握了这些知识，也不符合高质量的特征。高质量还有另外的含义，即知识概括与抽象。概括度和抽象度越高，迁移范围也会相应扩大。

2. 良好的数学认知结构的有序性

良好的数学认知结构的有序性是指知识体系拥有层次化和条理性网络结构。如果学生本身已经积累了很多知识，不过并未将其组织整理好，那么在解决问题时，想要调用和检索就非常困难。这就好像一座图书馆，图书馆中的书籍杂乱无章地放着，要想从偌大的空间以及大量的书籍中找到目标书籍，其难度是可想而知的。相反地，假如图书馆中的书籍整齐有序地排列着，同时还有相应的类别划分，实际查找过程就会变得非常简单容易。

所以，除拥有认知结构的广阔性，还必须拥有认知结构的有序性，善于对所学内容展开整理加工，使其变成有秩序的知识板块，进而将其打造成一个有条理有层次的网络结构，进一步完善学生的认知结构体系。

3. 良好的数学认知结构的稳定性和灵活性

解决问题贯穿在学生的整个学习过程中，更是学生学习数学的主线。一些领域的专家特别善于解决问题，他们的认知结构是非常稳定而又灵活的，除了涵盖丰富的知识，产生式占据更大的比例。

什么是产生式呢？学生在学习时在大脑中存储的，用"如果……那么……"等形式表示的规则就是产生式。产生式是从条件到活动的一个规则，也就是说在产生条件信息后，活动会自动地发生。这里特别指出，活动不仅包括外显性的行为反应，还包括内隐性的心理活动。

从条件到活动的规则是正向产生式，另外还有逆向和变形产生式。逆向产生式是以"要……，就要……"形式表示的规则。变形产生式是一种双反应产生式，只要学生事先已经学习到一个产生式，在出现有关信息后，学生就能立即检索与之对应的数学模式。

4. 良好的数学认知结构的建构性

建构性使学生认知结构具备优良生长点，可以促使学生根据自身思维完成新知识的建构，这样的建构可以让新旧知识结构结合成一个整体。

在实际教学过程中，师生意识到某些内容是认知结构生长点，那么教师引导就有方法，学生的探索研究就有路径。只要紧紧围绕结构生长点开展教学活动，就能够把握好教学重点，也能够让学生成为教师引导支持下的独立钻研主体。

（三）良好的数学认知结构形成的一般过程

根据建构主义观点，知识不可以简单由教师或他人教授给学生，而应该是引导学生充分利用自己已经获得的知识经验，主动构建获取。在构建环节，学生处于核心，是学习的主体，更是意义的建构者。因此，要促使学生投入到有意义的学习实践中，教师需要促使学生把已有知识作为基础，推动学生自主建构和完善认知结构，起到智力开发和发展能力的功能。下面将对认知结构建构环节进行简要探讨。

1. 创设问题，激发认知冲突

营造与教学内容相符合的学习情境，建立一定的认知差异，促使学生在认知层面上产生矛盾，让学生产生探究的欲望，增强学生思维活跃性。

2. 主动回忆，提取原有数学认知结构

教师对学生进行引导，让学生可以主动回忆知识，从而调取原有的认知结构，为新结构的建立奠定基础。回忆最有效的方法是复习，复习我们并不陌生，不过复习的种类非常繁多。建构主义者强调在复习过程中应该让学生结合新任务主动调取原有认知结构，激发学生主动复习的欲望。

3. 引导探索，进行认知重组

引导学生主动探究与发现，投入到知识和问题的研究与分析过程中，在不断的积累和拓展中，实现认知重组，促进新认知结构的产生。

4. 练习迁移，完善数学认知结构

运用变式练习对学生进行巩固，促使学生运用新认知结构尝试问题解决，让学生将这样的新结构内化迁移，锻炼解题能力，也让学生将新知识纳入到认知结构体系中，达到完善认知结构的目的。

上面的这些内容详细阐述的是大学数学与创新教学的四个方面：教学焦点——问题解决；主要特征——探索和发现；基本组织形式——自主创新学习；目标——良好数学认知结构。四个方面存在彼此不可分割的关系，而它们的界限在教学中也不是特别显著，要求教师在教学中机动灵活地应用，提升对教师综合素质能力的要求与标准。

第三节　大学数学虚拟创新教学的典型应用

上文结合教学现状，给出了虚拟创新教学的概念；按照整体上的思路和基础内容，给出了实践的大致步骤。在实际操作过程中，必须特别注意落实下面几个教育观念：第一，虚拟创新教学关注的焦点是解决问题；第二，教学的主要特点是引导学生主动探究发现；第三，教学的基本组织形式是自主创新式学习；第四，教学的目标是完善学生良好的数学认知结构。本节要重点关注和探究的是让虚拟创新教学走出理论，真正在实践中落实，不再是一种束之高阁的抽象化的理论概念。考虑到大学数学教育内容丰富而多样，波及范围很广，但是本文篇幅是十分有限的，于是运用分类研究方法，分成概念与命题两个大的类别进行简要概述。

一、数学虚拟创新教学中的概念教学

我们都知道，基本数学概念是高等数学知识系统的原始支点，更是这门课程的灵魂。但在长时间应试教育的环境下，针对数学基本概念的教学非常脆弱，且存在很多的问题。

（一）基本概念的"死记硬背"

虚拟创新教学并非和传统教学完全对立，传统教学中合理的部分应该进行保留。概念教学的首要步骤是要牢记高等数学基本概念和内容。在对整个教学过程进行观察和发现之后，我们了解到学生最终可以步入到高等数学的学习阶段，是凭借基本概念完成的。在刚开始阶段，学生会认为数学基本概念陌生而又枯燥，于是首要步骤是强迫学生记住这些概念，就如同在学英语时要记住单词一样。针对已经经历历史洗礼和不断锤炼的数学基本概念，在牢记时，哪怕是一个字或标点，都不能出现错误。高等数学中存在着的基本概念和内容并不多，不会给学生加大负担。例如，同济《高等数学》第一章中函数与极限的基本概念仅有元素、集合、相对性、对应关系、复杂体、相等、点、坐标轴、序、极限、运算、完备性、相对性等。

在上面给出的概念清单中，有很多大家熟知的概念，并没有纳入其中，如数列概念、函数概念。之所以不将其列入清单，是因为这部分概念并非是最基本的。

另外，清单中涵盖很多在传统层面上不被重视的基本概念内容，如相等、点、坐标轴等。我们纳入这些原本不被重视的概念，是因为这些概念具备基础性，不仅在高数概念体系中占据基础地位，还在其他课程中有所涉及，并且也实实在在的重要。就拿坐标轴来说，坐标轴涉及的是数与形的概念关系。

最后，清单中还涵盖很多没有显性表述在教材中的概念，如完备性、相对性。这些基本概念虽然没有非常显而易见地描述出来，不过其在高数中是非常关键的。例如，和数相比，函数是具备一定复杂性的事物。

在高数知识大厦中奠基层就是基本概念，这些概念要记牢。只有牢牢记住，才可以为概念学习和推动概念教育的发展打开大门。

在实际教学环节，教师不仅要让学生牢记这些概念，还需将这样的要求体现在日常教学和考试检验方面，这样更能够对学生起到督促作用。

（二）基本概念的深入分析

我们在上文中要求学生牢记数学概念，并不是让学生停留在牢记阶段。要对这些基本概念和内容进行深层次分析，进而增强学生对概念深层次的认知，避免学生短暂和机械性记忆。基本概念深入分析的方法主要有以下几个方面。

1.词根属性与物质归属

从根本上看，高数中的每个基本概念都是一个名词。这个名词通常会有很多修饰前缀，但不管怎么样，它都会有名词性质的词根存在。弄清词根属性，在认识问题方面有着极大的益处。比如，函数数列极限，归根结底就是函数。

如果从物质的角度看，概念先是用作表达某种物质的。相反地，概念都拥有物质归属，也就是说全部概念都要找到主人。例如，在认识函数极限时，可以经历这样的过程：首先，是一个数；其次，这个数属于某函数；最后，因为求极限发生在特定过程，于是需明确数属于某过程。

从从属和归属方面看，认知概念在理清抽象概念方面非常有效。例如，首次接触导数这个新数学概念，先要弄懂导数属性。假如我们暂时撇开前面的修饰部分，直接看词根，导数从根本上就是函数，具备普通函数的共有属性。另外，导数属于某个函数，在某函数增量比的极限过程中产生，因而也具备特殊性。

当然，并不是所有的概念都要运用如此复杂的分析方法。因为在高数中，有很多基本概念是非常简单的，我们只需在复杂和抽象概念的认识方面分清属性与归属即可。

2. 概念要素分析

除简单概念外，复杂抽象的概念都必须拥有支撑概念的要素存在。在确定要素后，概念就变得显而易见。例如，集合要素就是其中的元素，这些要素还拥有以下特点：① 是确定的；② 相互可以区分；③ 是同类的。再如，数列极限是概念组合，包括数列和极限这两个基本概念，于是数列极限要素涉及数列以及极限要素。数列要素是集合和序；极限概念是有序变化进程中，从已知推断未知的方法。最终我们获得数列极限要素是：① 有序集合；② 该集合向指定方向变化；③ 变化的最终趋势的确定性。

3. 条件变动法

上面给出的两个概念分析法，均是静态分析法，是对概念原型的研究。此外，还可以在动态化的情境下进行研究，也就是运用动态分析法研究概念。所谓运动，实际上指的是概念中某个条件的转变，借助变动与出现改变的认识，可以理解动态变动的条件。例如，函数极限的"$\varepsilon-\delta$"定义是一个概念，要了解这个概念，除以上方法外，还能变动"$\varepsilon-\delta$"定义中的条件，如将"任意给定的 ε"改为"某一个很小的 ε"，然后考查新定义的产生，用具体函数展示这种问题。借助变化条件的方法可以在偏离理想状态的一个全新状态下，对同样一个概念进行分析，让人们对一个概念有多个角度与层次的认识，让人们的认识体系更加丰富。

在这里特别指出，条件的变动，一次只能够改变一个条件，否则，我们就不能确定最终得到的结果是由哪个条件变化导致的。

（三）基本概念的组合

从一定角度分析，科学发展是概念发展，而概念发展过程包含新概念的产生和旧概念的不断改进与健全。要想推动新概念的出现，有一个非常简便而又常用的方法，即把两个或者两个以上旧概念组合起来。例如，函数列是由函数元素、集合与序这三个基本概念组合而成的；导函数是由点的导数和函数这两个基本概念组成的新概念。

在数学教学中，教师需要把旧概念结合得到新概念对学生进行重点讲授。因为这样的方法对于学生创新能力的发展可以形成良好的启发，让学生主动运用这样的策略，创造新概念，推动自身能力素质的进步，也为数学科学的发展和繁荣做出一定的探索。数学中需要系统性地站在概念组合层面得到一个新概念，让学生厘清新旧概念间存在的关联，为学生对新概念的有效把握提供助力。

在概念组合方面，需要特别注意以下两点。

1. 并不是所有的旧概念之间都可以组合

很多数学概念是无法通过组合方式构成新概念的，所以我们不能片面地认为所有旧概念都能组合形成新概念。例如，函数狭义单调性和周期性是不能进行组合的。又比如，数列和复合是互不相容的，也不能将二者进行组合。

在实际教学中不能打消学生概念组合的积极性，教师可在教学初级阶段让学生主动投入到概念组合的实践操作活动中，哪怕这个活动是盲目的，哪怕根本无法实现组合，但也是有价值的。因为这样的实践方法，对学生的思维能力是一个非常好的锻炼，在锻炼学生探索精神方面很有益处。有时候可能是盲目的组合探讨，也会收获一个成功的结果。如果运用这样的方法，收获了数学新概念，那么学生们就会收获丰富的成功的学习体验，增长自信心以及求知欲，在今后的学习中更加愿意尝试。总之，在概念组合探讨方面，无论获得成功还是失败，都可以促进学生自主意识以及创新能力的培养。

2. 一些最原始的概念并不在组合的范畴之列

不管是哪一门课程，都有其原始概念，如上面提到的集合、元素、坐标轴等都是高数课程的原始概念。这些原始概念是不能利用组合方法获得的。

（四）基本概念的对比

利用原始概念及其组合的方式能够获得很多新概念。要综合性地进行概念认知，需要借助概念对比的方法实现，对比目的有以下两点。

1. 相近概念找差别

在一门课程中有很多相近概念，如数学中的函数极限与数列极限。综观这些近似概念，其共同点是拥有相同词根，其差别点就是词根前的修饰有所不同。面对大量的相近概念，我们想要对其进行深入的把握，利用找差别的方法认知概念是一个非常好的选择。先明确有什么差别，接下来理清出现差别的原因。从相近概念中寻找差别有助于促进学生联系不同事物，也有利于学生在把握一个概念的同时，运用对比的方法获得另外概念的认识，同时还能够提高学生整体思维。

2. "不同"概念找联系

有些概念从浅层上看有着非常明显的差别，我们应该善于从这些不同概念上朝着深层次探索，发现概念间的内在联系。例如，无穷小和函数，从表面看没有任何关系，但殊不知无穷小是特殊函数。

当然，并非全部的数学概念间都有关联。我们提倡找寻关联的原因在于培养学生站在综合性角度分析问题的学习习惯，帮助学生逐步消除长时间接受应试教育单一关注局部的不良习惯，让学生在探究中形成整体性观念。

（五）基本概念的应用

学习与认识概念的最终目的是要应用概念。高数概念的应用非常便利，就是把旧概念的物质替换成新概念物质。例如，把数集中的数替换为集合、区间、点、线等，从而产生性质不同的新集合；把数列中的数替换为函数、区间等，从而产生函数列、区间列等。

实际上，数学发展和概念扩大有着密切的关联。概念的大范围推广应用，促进了数学发展。

（六）具体概念实例展示

1.函数列概念的提出

数列和函数都是高数学科的基本概念，上面论述中讲述了概念组合的教学法，我们是否可以运用这些方法把数列和函数组合起来，组合成新概念呢？

当 $n=1$，2，3，…时，$a_n(x) = \dfrac{1-x^{2n}}{1+x^{2n}}x$ 就构成了一个数列，它的各个项是：

$a_1(x) = \dfrac{1-x^2}{1+x^2}x$，$a_2(x) = \dfrac{1-x^4}{1+x^4}x$，$a_3(x) = \dfrac{1-x^6}{1+x^6}x$，…，$a_n(x) = \dfrac{1-x^{2n}}{1+x^{2n}}x$。很明显，

这个数列与普通的数列不同，因为它的每一项中都包含了自变量 x，而不像纯粹的数列那样，只包含数字而没有变量。因此，这种数列就是一个特殊的数列，称为函数列，它既具有数列的性质（如按照自然数的顺序从 1 排列到无穷大），又具有函数的性质（如数列中的每一项中都含有变量 x，且这个 x 有从 $-\infty$ 到 $+\infty$ 的取值范围）。

利用虚拟创新的教学方法，学生确实能够创设新概念，而得到的这个新概念是高等数学课本中不存在的，在更高层次的研究生数学教材中是有的。学生利用概念组合的方法，能够自主获取新概念，所以学生亲身体验了虚拟创新过程。

学生通过概念组合得到新概念后，得到了探究问题的新的出发点。此时，完全可以在新的出发点的根基之上，深层次探究高等数学的有关问题，如数列极限的问题。因为函数列从根本上是属于数列的，只是特殊数列，所以关于数列求极限的基本问题，可以迁移到函数列上。更深一步，在完成了特殊数列求极限之

后，因为还拥有函数基本特征，所以可深层次探究作为极限的函数的连续性问题，即判断函数 $f(x) = \lim\limits_{n \to \infty} \dfrac{1 - x^{2n}}{1 + x^{2n}} x$ 的连续性，如它是不是有间断点。值得注意的是，这个 $f(x)$ 由于已经求过极限了，所以它已经由函数列转化为函数，可以对它进行关于函数的任何探究，如在连续性探究的基础上，进一步去分析这个 $f(x)$ 的可导性、可积分性。

将以上过程和传统教学过程进行对比分析，我们能够很清楚地看到二者的差异显著。传统数学教学根本不会提倡概念组合，更不用说利用概念组合方法获取数学新概念；但在虚拟创新模式中，学生则可以获得教材中没有的新概念，而且这个概念是学生通过自主探索和组合探究获得的，是学生主动学习的产物，能够让学生的成就感大幅提升。

2.基本概念的引导性讲义

严格层面上说，在对函数这个章节进行阐述时，没有真正涉及连续变化情况。比如，在定义函数极限时，使用的是数列极限概念，即把 $x \to x_0$ 看成是无穷多个逼近 x_0 的自变量数列构成的集合。

物理量连续变化是我们所处的整个自然界真真切切存在的，因此加强对其研究具备必要性。

开展研究工作，不能一味地求难，研究的根本方法是从简单着手。于是，在分析和研究物理量连续变化时，可从简单的时间分析方面入手，剖析连续变化中显现出的基本特点。我们把时间作为研究对象，主要有以下几个原因：

（1）时间存在于所有过程，时间可以被看作所有物理量的自变量，所以时间是最基本的自变量，无法成为其他量的函数。

（2）时间是绝对变量。也就是说，时间不仅持续不断地发生着变化，而且这个变化是没有休止的。在众多的物理量中，只有时间具备这样的性质。因为时间的绝对变化性，使得我们可把自变量当作流动变化的。函数定义中，自变量来自于定义域，是其中确定性的数字。自变量的内容没有在函数定义当中说明。例如，我们在前面的论述中说到，自变量是无序的，自变量排序并没有在定义中进行说明。自变量是不是变化，在定义中也没提及。虽然自变量是可以取不同数值的，也赋予了自动变化的含义，但是通过分析定义，我们不能掌握自变量的变化情况以及变化特点。这样的认识成为数学概念研究中的一个突破，也成为数学从古典迈向现代的一个典型标志。

（3）时间具备基础性，所以认识时间只可以利用实际经验，不能用基本事实进行推理。这是因为不存在比时间更基本的概念。换句话说，时间是概念中处于最底层的。我们可以看到，时间拥有独特地位，与时间相关的概念与普通概念可能会有差异，这种差异会在接下来的分析中遇到。

①单向性。时间改变具有单向性，也就是总会朝着数字增加的方向前进，是一个单调增加变量。如果用形象的语言对其进行说明，就是时间小人会选择一个方向，一去不复返。

②均匀性。均匀性的意思是时间改变具有均匀性的特点。普通意义上的均匀会涉及两个变量，即时间与距离。

但在遇到时间这个可以绝对变化的物理量时，只有时间变化而不涉及其他变化的情形下，普通含义均匀性是没办法直接应用的。在这个情形之下，我们列出规定说明时间变化具备均匀性。举一个非常浅显的例子，今天时间比昨天过得快是不可能的；今天的 12 点比昨天 12 点时间快也是不可能的。时间变化在一段时间内是均匀的，两个不同时刻点也均匀。

③各态遍历。各态遍历常常是指经历各个状态，时间是时间各态遍历的各个时刻。通过对时间的这一性质与单向性性质开展综合性分析，自然能够认识到时间连续性的特点。

以上给出的是时间变化的特点。由于时间是物理学科中的概念，本文论述的是数学概念，因而要将物理概念展开，深层次地提炼升华，抽象成为数学概念。

根据时间与自变量的关系，我们获得的自变量变化性质为：

第一，单向性。自变量变化有单向性特点，单向是在具体过程当中单向，并非绝对单向，因此自变量是单调增加或减少的。

第二，均匀性。自变量改变是均匀的，静态实数轴每一点都是均匀地变化，实数的运动速度也具有均匀性。

第三，连续性。自变量连续性特点和时间连续相同。

评述：我们在以上研究中运用到一个方法，那就是形象化的思想方法。例如，我们在探讨概念性质时运用了时间小人，显得非常形象活泼。形象思维是问题以及途径的信息源，在提出与解决实际问题中是非常关键的策略，更是学生在学习中需要逐步掌握的思维方法。形象化思维方法，在实际应用中拥有诸多优势。从一般角度看，学生在问题情境的指导下，建立数学图象，用图形揭露数学在大脑中加工以及想象出现情境的其他可能性。下面对这一思维法的具体作用进行概括：第一个作用是表征。形象思维是推动表征形成的重要方法，因为形象性思维拥有整体性和形象性强的特点，能够让学习主体直观感知问题的实质内容，有效发现解题的突破口。第二个作用是启发。学生在形象思维的支持下，更在直观生动的问题情境之下，开展联想与猜想，能够启迪学生发现思路，也为学生的问题研究和推理提供良好方向。第三个作用是支持。形象思维支持着逻辑推理，正是因为有了这样的支持，才可以让学生在大脑中建立完整的数学图象，促进逻辑思维的进步。

二、数学虚拟创新教学中的命题教学（实例展示）

数学命题是一种重要的数学判断，包括定理和公式。数学定理指的是有关客观事物、空间形式或数量关系的思维形式，是对关系的正确判断。数学公式则是变量间存在的数量关系。通过引导学生学习和分析数学命题，可以让学生的认知结构不断完善。如果学生不能学好数学命题，就会出现认知结构中各个知识点孤立无援的情况，容易遗忘大量的数学知识，同时还让数学知识的应用价值削弱，甚至是完全丧失，导致学生整个数学学习遭遇失败。

教学的及时点并不是导入命题，而是要研究命题合理与必要性、验证发现与论证历史，为学生提供大量有助于分析推理与研究的素材，了解数学命题的必要性和来源，同时把握好过程和知识背景。数学命题学习不是单纯地记住这个命题，更为关键的是要分析命题中蕴含的思想方法和学习策略。在命题学习中，应该从教材基础出发，不断发现问题。在命题阅读分析中，运用批判质疑的思维，明确定理，发现过程，从不同的角度分析命题的结构，找到其中蕴含的数量关系，分清条件与结论，找到应用范围，运用语言进行一定的转化。以下举出两个实例。

（一）指数运算与欧拉公式

从初中代数开始就学习指数运算法则：$u^a \cdot u^b = u^{a+b}$，这个法则学生可以轻松把握。从表面上看，似乎无法从更加深入的角度对其进行分析。

欧拉公式：$e^{i\theta} = \cos\theta + i\sin\theta$ 是一个奇妙的公式。

我们需要在数学学习中思考，是不是可以从指数运算法则中窥得欧拉公式的端倪？

观察与悬念：同底数幂相乘的法则是指数相加，特别神奇的地方是把乘法转化成加法。复数中也有一个乘法转化为加法的运算，就是两复数相乘则对应模相乘而对应幅角相加：

$$r_1(\cos\alpha + i\sin\alpha) \cdot r_2(\cos\beta + i\sin\beta) = r_1 r_2 \left[\cos(\alpha + \beta) + i\sin(\alpha + \beta)\right]$$

二者究竟存在怎样的关联？也就是说，是否存在一个适当的指数函数 $u^{f(\alpha)} = \cos\alpha + i\sin\alpha$ 呢？欧拉找到了这个指数函数，就是著名的欧拉公式：$e^{i\alpha} = \cos\alpha + i\sin\alpha$。欧拉公式的提出把复数应用推到了很高的层次与境界。例如，高次方程的求解问题。自从 1506 年解三次方程的 Cardano 公式发现之后，高次方程的求解困扰了包括欧拉、高斯、拉格朗日在内的数十位数学家。在许多数学家把关注点放在对一般方程进行求解的时候，高斯运用了二项方程 $x^n - 1 = 0$ 的求解问题。虽然那时尚未有 Galois 理论，但高斯在求解这个方程时，已经在计算一个 16 阶交换群的各个子群的问题。最终高斯的努力没有白费，他把二项方程的根式解、费马素数 $p = 2^{2^n} + 1$ 问题与正多边形的尺规作图问题这三个代数、几何、数论难题联系在一起。对于学生来说，肯定不能详细了解这些内容，更无法简单说明三者之间的关联。但是由指数运算法则到欧拉公式，再到用欧拉公式表示方程 $x^n - 1 = 0$ 的根 $x_k = e^{\frac{2k\pi i}{n}} = \cos\dfrac{2k\pi}{n} + i\sin\dfrac{2k\pi}{n}, k = 1, 2, \cdots, n$，至少我们可以在二项方程的求根与 n 边形（n 等分圆周）作图之间找到真正关联。

评述：虚拟创新教学中的数学科学，暂时抛弃逻辑严密性。我们并没有对欧拉公式进行严密而又系统性的证明，而是利用观察和猜想的方法发现了通向欧拉公式的道路。与此同时，也没有刻意对欧拉公式的应用进行讲解，只是借助高斯二项方程问题让学生顺利掌握了这个难题的解决方法。形式数学必须和非形式数学进行结合，这是教育发展过程中的必经之路，只有这样才能够让数学教育拥有生机。

（二）从数系的扩充到拉格朗日（Lagrange）定理

数系是最为基本的数学结构之一，要求数的某个结合可以开展基本代数运算，同时还满足适当运算法则。

整数系是数学学习中最早接触的一个数系。在一个整数系中有加、减、乘法的运算，但整数对除法运算并不封闭，因此，使得整数整除问题成为整数系研究中的一个关键点。但有理数系中没有这个问题，因为在这个数系中实施基本代数运算具有可行性。为了把有理数和整数进行区分，我们把整数叫作数环，把有理数系叫作数域。高校学生非常熟悉的数域有理数域、实数域、复数域。不过，中学生更多接触的是整数环。事实上，除此以外，还有很多趣味性强的数环。

首先我们看一个只含两个元素 {奇，偶} 的集合。有趣的是，它能像整数集一样做加、减、乘运算：

$$\begin{cases} 奇 + 奇 = 偶, \\ 奇 + 偶 = 奇, \\ 偶 + 偶 = 偶, \end{cases} \begin{cases} 奇 - 奇 = 偶, \\ 奇 - 偶 = 奇, \\ 偶 - 偶 = 偶, \end{cases} \begin{cases} 奇 \times 奇 = 奇, \\ 奇 \times 偶 = 偶, \\ 偶 \times 偶 = 偶。 \end{cases}$$

减法只是作为幂运算开展的，能够检验运算满足整数运算法则。

其实，奇、偶分别用 1 与 0 来代替，上面的运算同样可以进行。这样仅含两个元素的数集 {0, 1} 可以看成一个数系，这个数系通常记为 Z_2。

类似地，我们可以对任一正整数 m 定义数环 Z_m，这种数环含 m 个元：0，1，2，$\cdots$，$m-1$。这些元素做加、乘法运算时，如果所得结果超过 m，则以 m 除，所得非负余数作为和或积。这样的数系 Z_m 与整数系的差别仅在于处处以 m 除后所得最小非负余数来代替所讨论的数。Z_m 也称模 m 剩余类环，这种数环在数论中发挥了重要作用，一方面保留了整数环的运算性质，另一方面只含 m 个元，比整数环更为简单，有时具有整数环所不具备的很好的性质。

例如，若 p 是奇素数，则在 Z_p 中 -1 可以表示为两个数的平方和，即二元方程 $x^2 + y^2 \equiv 1$ 在 Z_p 中有解（Z_p 中的等号用 "$\equiv$" 表示，以区别于整数环中的等式）。

证明：0，12，22，$\cdots$，$\left(\dfrac{p-1}{2}\right)^2$ 是互不相同的元，当然 -1，$-(12+1)$，$-(22+1)$，$\cdots$，$-\left[\left(\dfrac{p-1}{2}\right)^2 + 1\right]$ 也互不相同。但这两组共 $p+1$ 个数必有两个（来自不同的组）在 Z_p 中相同，即存在 $x, y \in Z_p$ 使 $x^2 \equiv -(y^2 + 1)$，因此 $x^2 + y^2 \equiv 1$。

有趣的是，上面这个在数系 Z_p 中看似简单的结论，可以用来证明下面的拉格朗日定理。

拉格朗日定理（Lagrange）：每个正整数都可表示为四个整数的平方和。

证明：首先我们有下面的欧拉恒等式：

$$(x_1^2 + x_2^2 + x_3^2 + x_4^2)(y_1^2 + y_2^2 + y_3^2 + y_4^2)$$
$$= (x_1 y_1 + x_2 y_2 + x_3 y_3 + x_4 y_4)^2 + (x_1 y_2 - x_2 y_1 - x_3 y_4 - x_4 y_3)^2$$
$$+ (x_1 y_3 - x_3 y_1 + x_4 y_2 - x_2 y_4)^2 + (x_1 y_4 - x_4 y_1 + x_2 y_3 - x_3 y_2)^2$$

因此只需证明每个素数 p 都可表示为四个整数的平方和。由前面的讨论，$x^2 + y^2 \equiv -1$ 在 Z_p 中有解，就是说 p 的某个倍数都可表示为四个整数的平方和（平方和中一项是 1，另一项是 0），即方程

$$(x_1^2 + x_2^2 + x_3^2 + x_4^2) = np$$

有整数解。下面假定 n 是具有这种性质的最小正整数，我们只要证明 $n=1$。

首先必有 n 为奇数。若 n 为偶数，则 x_i 的奇偶性有三种可能情形：四个都偶、四个都奇或者两偶两奇。于是可以调整 x_i 的下标使 $x_1 + x_2, x_1 - x_2, x_3 + x_4, x_3 - x_4$ 都偶。这样，

$$(\frac{x_1 + x_2}{2})^2 + (\frac{x_1 - x_2}{2})^2 + (\frac{x_3 + x_4}{2})^2 + (\frac{x_3 - x_4}{2})^2 = \frac{np}{2}$$

与 n 的最小性矛盾。

下证 $n=1$。否则 $n \geq 3$。做带余除法 $x_i = nq_i + y_i$，使 $|y_i| < \frac{n}{2}, i = 1,2,3,4$。这样，在 Z_n 中有 $x_i \equiv y_i$，且

$$y_1^2 + y_2^2 + y_3^2 + y_4^2 \equiv x_1^2 + x_2^2 + x_3^2 + x_4^2 \equiv 0$$

注意到

$$y_1^2 + y_2^2 + y_3^2 + y_4^2 < 4 \cdot (\frac{n}{2})^2 = n^2,$$

于是有 $0 < m < n$ 使 $y_1^2 + y_2^2 + y_3^2 + y_4^2 = mn$，

命

$$z_1 = x_1 y_1 + x_2 y_2 + x_3 y_3 + x_4 y_4 \equiv x_1^2 + x_2^2 + x_3^2 + x_4^2 \equiv 0,$$
$$z_2 = x_1 y_2 - x_2 y_1 + x_3 y_4 - x_4 y_3 \equiv x_1 x_2 - x_2 x_1 + x_3 x_4 - x_4 x_3 \equiv 0,$$
$$z_3 = x_1 y_3 - x_3 y_1 + x_4 y_2 - x_2 y_4 \equiv 0,$$
$$z_4 = x_1 y_4 - x_4 y_1 + x_2 y_3 - x_3 y_2 \equiv 0,$$

则

$$z_1^2 + z_2^2 + z_3^2 + z_4^2 = mn^2 p,$$

但每个 $z_i = nr_i$ 说明

$$r_1^2 + r_2^2 + r_3^2 + r_4^2 = mp,$$

这与 n 的最小性矛盾，因此 $n=1$，定理得证。

现在我们再回过头来看证明开始时所用的欧拉恒等式：

$$(x_1^2 + x_2^2 + x_3^2 + x_4^2)(y_1^2 + y_2^2 + y_3^2 + y_4^2)$$
$$= (x_1 y_1 + x_2 y_2 + x_3 y_3 + x_4 y_4)^2 + (x_1 y_2 - x_2 y_1 + x_3 y_4 - x_4 y_3)^2$$
$$+ (x_1 y_3 - x_3 y_1 + x_4 y_2 - x_2 y_4)^2 + (x_1 y_4 - x_4 y_1 + x_2 y_3 - x_3 y_2)^2$$

如果已经知道这个等式，要验证它并不困难，但要真正地发现这个等式不是靠"配方"运算能行的。为了说明如何发现这样复杂的恒等式，我们先从另一个与之类似但更为简单的恒等式说起。

复数的乘法是我们熟悉的运算：

$$(a + bi)(c + di) = (ac - bd) + (ad + bc)i$$

计算等式两边复数的模，则有

$$(a^2 + b^2)(c^2 + d^2) = (ac - bd)^2 + (ad + bc)^2$$

这是一个比较简单的恒等式，但是它的发现过程提示我们存在一个"四分量"的复杂的欧拉恒等式。如果把复数看成二元数，爱尔兰数学家 William Hamilton 试图构建三元数，但是他的尝试失败了。经过许多年的思索，他于 1843 年发现存在一种与复数相类似的四元数：

$$\alpha = a + bi + cj + dk$$

其中 $i^2 = j^2 = k^2 = -1, ij = -ji = k, jk = -kj - i, ki = -ik = j$ ，a, b, c, d 取任何实数。这种新的数系被称为 Hamilton 四元数，它与复数的区别在于乘法不满足交换律。这一发现打破了从古希腊以来一直认为数（用字母表示的数）的乘法必定是交换的观念，为现代数学的发展开辟了一个全新的方向。

与复数模的求法相类似，也有四元数模的求法：

$$|\alpha|^2 = \alpha\bar{\alpha} = (a + bi + cj + dk)(a - bi - cj - dk) = a^2 + b^2 + c^2 + d^2$$

上面这个等式使我们极容易获得欧拉恒等式。令

$$\alpha = x_1 + x_2 i + x_3 j + x_4 k, \beta = y_1 + y_2 i + y_3 j + y_4 k$$

则 $\alpha\beta = (x_1 y_1 - x_2 y_2 - x_3 y_3 - x_4 y_4) + (x_1 y_2 + x_2 y_1 + x_3 y_4 - x_4 y_3)i + (x_1 y_3 + x_3 y_1 + x_4 y_2 - x_2 y_4)j + (x_1 y_4 + x_4 y_1 + x_2 y_3 - x_3 y_2)k$

对等式两边的四元数求模，则有

$$(x_1^2 + x_2^2 + x_3^2 + x_4^2)(y_1^2 + y_2^2 + y_3^2 + y_4^2)$$
$$= (x_1 y_1 - x_2 y_2 - x_3 y_3 - x_4 y_4)^2 + (x_1 y_2 + x_2 y_1 + x_3 y_4 - x_4 y_3)^2$$
$$+ (x_1 y_3 + x_3 y_1 + x_4 y_2 - x_2 y_4)^2 + (x_1 y_4 + x_4 y_1 + x_2 y_3 - x_3 y_2)^2$$

再用 $-y_1$ 代替 y_1 而得到欧拉恒等式的形式：

$$(x_1^2 + x_2^2 + x_3^2 + x_4^2)(y_1^2 + y_2^2 + y_3^2 + y_4^2)$$
$$= (x_1 y_1 + x_2 y_2 + x_3 y_3 + x_4 y_4)^2 + (x_1 y_2 - x_2 y_1 + x_3 y_4 - x_4 y_3)^2$$
$$+ (x_1 y_3 - x_3 y_1 + x_4 y_2 - x_2 y_4)^2 + (x_1 y_4 - x_4 y_1 + x_2 y_3 - x_3 y_2)^2$$

评述：利用上面的例证展开研究，我们可以看到数学结构扩展在促进问题有效解决方面发挥着明显作用。在这一系列的研究之后，我们了解到虚拟创新教学在教师深度和宽度上要求极高。

第六章 数学方法论视角下大学数学教学模式创新——翻转课堂教学

第一节 翻转课堂的兴起与发展

一、什么是翻转课堂

翻转课堂是从英语"Flipped Class Model"翻译过来的术语，通常情况下，我们会将其叫作翻转课堂教学模式。而这一模式是一种创新教育的表现形式，在如今的现代化教学背景之下，有着很大的应用价值。

在传统教育当中，教师会在课上给学生讲完知识之后安排课后作业，让学生在课下完成相关的练习题。翻转课堂模式和传统模式是完全不同的，教师先综合教学资源设计教学视频，让学生利用课下碎片化时间，完成视频内容的学习，在课外学习数学知识，而到了课堂上，则进行师生与生生间的互动，主要组织答疑、交流、探讨和知识应用的一系列活动，进而确保教学效率和教学深度。通过下面的数学结构变化比较图，能更清晰地看到翻转课堂与传统课堂的区别（图6-1）。

所以，我们了解到，翻转课堂是先由教师结合教学内容制作教学视频，然后要求学生自行安排课下时间完成视频学习，学完之后回到课堂上和教师及其他同学进行紧密的沟通，完成相关的练习与作业。

图 6-1　教学结构变化比较图

乔纳森、贝格曼、亚伦和萨姆斯利用下面的问题回答，使我们对翻转课堂的含义认识得更加深入和准确。

（一）翻转课堂不是什么

翻转课堂不是在线视频的代称，因为在这样的课堂上，不仅存在着教学视频，还有着师生互动，以及生生之间的交流探讨，这些综合活动构成了课堂整体。

翻转课堂不是用教学视频代替教师，而是先让学生在课下熟悉课程的主要内容。

翻转课堂不是在线课程，是将线上线下课程进行有效整合形成的教育模式。

翻转课堂并非是毫无秩序的随意性学习，既有学生自主安排，也有教师的悉心指导。

翻转课堂并非是让全班学生都看着电脑屏幕，进而完成整个学习活动。利用计算机学习教学视频是必经的一个学习过程，但是，这个过程不会耗费过多的时间，而且是在课下完成的，课上时间则是师生的面对面交流。

翻转课堂不是让学生孤立性地完成整体的学习活动。在这一过程当中，教学视频、教师和学生都是互动参与的主体，发挥着彼此互相辅助与推动的作用。

（二）翻转课堂是什么

翻转课堂是重要的教学手段，能够让师生之间互动交流时间得以延长，同时，还可以为学生的个性化学习提供良好机会。

翻转课堂是一个学生为自己负责的学习课堂，学生需要有一个良好的学习责任感，以便督促自己在课下完成视频学习，在课上与教师和其他同学讨论沟通。

翻转课堂当中的教师是学生的教练，并非是知识权威，也不是所谓的圣人。

翻转课堂混合了知识讲授和建构主义的学习模式，是一种混合型教育形式。

翻转课堂是学生虽然缺席课堂，但不会被甩在后面的高效教育课堂。

翻转课堂是教学内容可永久存档，同时也可用在学生的复习或者是补课学习阶段。

翻转课堂是全部学生都积极参与和互动的课堂。

翻转课堂是全部学生均能够拥有个性化学习机会，且得到个性化学习指导的课堂。

（三）翻转课堂的特点与优点

翻转课堂提倡的基本理念是把传统课堂上只是讲授的部分转移到课外，由教师结合教学重难点和学生的学习规律制作教学视频，然后让学生可以在课下随时随地安排自己的学习，突破时间与空间的限制。到了课堂上，教师耐心聆听以及解答学生在课下学习当中无法解决的问题，或者是存在的疑惑，同时，指导学生主动地进行数学练习，进行已学知识的巩固锻炼。翻转课堂是先学后教的课堂，是既凸显出对于学生学习作用的重视，也落实了以学生为本的教育理念，利用把在线学习和面对面互动教学整合的一种方法，落实因材施教，让学生可以实现个性化学习。正是因为这些因素的存在，让传统课堂被翻转，也让传统课堂当中的各个因素得到了彻底转变，更为重要的是改变了学生的学习状态和精神面貌。

翻转课堂最明显的特点就是学生拥有学习自主权和掌控权。学生可以把教师制作完成的教学视频作为学习根据，根据自己的学习需要，自主安排时间和进度。如果学生的学习能力很强，那么，就可以快速学习完视频资料。而学习和接受能力相对较弱的学生，通常需要在难度较大的地方，特别是重难点部分按下暂停，假如在学完一遍之后，还是没有有效掌握，可重新播放，再次学习。学生观看视频的快与慢以及整体的学习节奏，均在学生的自我掌控范围当中，如果已经懂了，可快进或跳过；假如没有看懂，可以重复看和反复看。另外，学生在观看视频进行学习的整个进程中，还可以随时暂停下来思考，或者是对重要内容做好笔记，可以利用在线平台向同学和老师求助，可以彼此沟通观看交流学习完教学视频之后获得的体会与感悟，掌握其他学生的学习状况，探讨彼此在学习当中遇到的问题。这些都是传统教学模式无法实现的，更是以往根本不敢想象的。翻转课堂模式给学生带来了一种前所未有的学习新体验，让学生可以处在一个自由轻松而又和谐自主的环境当中，不承受过大的心理压力，也不被沉重的学习负担压垮，不用担忧注意力偶尔不集中出现的知识缺漏，更不用担心没有办法跟上节奏而出现学习兴趣下降和自信心不足等问题。

翻转课堂的优点主要体现在以下三个方面：

（1）可以让繁忙学生获得帮助。在大学时候，大量的学生在搞好自己学习之余，还存在着其他方面的爱好或者是承担着有关事务。比如他们会参加学生会，会做一些兼职，也会参与不同的竞赛活动。这样的活动会耗费很多的时间，时间上的冲突也有可能让他们耽误课程学习，或者是在学习当中出现分心的情况，不能集中注意力去学习知识。这些学生不愿意自己被耽误，但同时也不愿意放弃其他的课外实践活动，这让他们显得非常地焦虑，也特别渴望能够自主安排学习时间，控制自身的学习进度，让学习和实践活动互不冲突。翻转课堂的出现，让这些学生的学习需要得到了真正的满足，使广大学生能够自行选择在适当时间看视频，不用再担忧自己会错过重要的内容。

（2）能够让学习吃力的学生得到有效的帮助。数学课堂仅有短暂的几十分钟，而传统教学当中，教师想要在这样短的时间内尽可能多地教授知识，便会把控好进度，也不会给没听懂或者是听得吃力的学生放慢教学节奏。通常情况下，学习成绩优异的学生才可以得到教师青睐和关注，同时，这部分学生也会积极给予回应，并回答出教师提出的很多难题，也会提出一些具有价值的问题。但是，学习能力相对较差，跟着教师授课节奏相当吃力的学生，只能被动听课，却无法得到教师的关照。翻转课堂能够将这样的教育局面进行彻底地转变，可以将教学内容制作成视频资料，让学生可以在课外对其进行反复多次的学习，一直到弄懂弄清为止。学习能力较强的学生通过课下学习教学视频，就能够突破自己的诸多难题，于是教师就能够有充足时间辅导学习吃力的那部分学生。

（3）能够强化课堂互动。教学活动是师生双向互动活动，而非教师或者是学生的独角戏，不仅要有教师主导作用的发挥，还需要让学生的主体地位得到确立，所以理想化的课堂是教与学中师生互相作用的积极活动过程。不过在传统课堂之上，教师教学活动占据了几乎所有时间，无法让师生进行紧密积极的互动，而学生之间也常常不会进行有效交流。在实施翻转课堂后，教师可以成为学生的合作者，也有时间对学生进行个性化辅导，同时，学生间的沟通也会远超以往。教师可以把学生划分成不同的学习小组，让整个学习小组的学生加强交流与互动，进行紧密的沟通，让学生在取长补短和互补当中获得更大的发展机会。

二、翻转课堂的兴起

翻转课堂的起源地是美国，因为美国是一个十分推崇创新的国家。在初始阶段，针对翻转课堂的探索以及实践活动的主阵地是高校。最早进行此项研究的是哈佛大学物理教授埃里克·马祖尔。他想要让学生在学习时富有活力，改变课堂如死水一般的氛围，于是在20世纪90年代创立同伴教学法。在他看来，学习要经历两步，分别是知识传递和知识内化。传统教学关注的是前者，所以常常会忽略后者。通过对大量实践进行归纳总结，表明同伴教学法可以弥补不足，让知识内化和吸收成为可能。传统教学是一种讲授式的教学，虽然可以推动信息流动，不过其方向是单向性的，没有师生和生生互动沟通存在。同伴教学法则提倡的是学生间的互助学习。他把这个教学法应用到了他的物理学科教学当中，让学生在小组当中探究物理概念，使学生成为课堂参与者和积极探索者，让学生对物理概念的认识更加深刻，也增强了学生的物理问题解决水平。随着计算机技术的快速发展，计算机开始成为重要的教学辅助力量，而知识传递问题变得非常的简单。马祖尔指出，教师的角色是可以发生改变的，可以从讲授者变成教练，变成指导者，发挥教师在引导学生互助学习，促使学生内化知识方面的功能。

20世纪初，莫林拉赫、格伦·普拉特和迈克尔·特雷格拉发表《颠倒课堂：建立一个包容性学习环境的途径》的论文，论文当中提到美国迈哈密大学在进行经济学入门教学时应用了翻转教学，同时，还着重提及怎样借助翻转教学刺激差异化教学的实现，满足学生个性化的学习需要，让学生拥有各自不同的学习风格。只不过这个论文当中没有正式地给出翻转教学、差异化教学的概念。

在第11届大学教与学国际会议上，J·韦斯利·贝克提交《课堂翻转：使用网络课程管理工具（让教师）成为身边的指导者》论文，其中特别指出，要让教师成为学生身边的指导者，成为一名教练，而不是过去教学中以及讲台上的圣人。这样的观点也在之后成了高校翻转课堂的运动口号。教师借助互联网平台，利用课程管理系统以及在线方法为学生展示学习内容，并把这些内容当作家庭作业，让学生课下完成。到了课堂之上，教师则带领学生深入地进行知识讨论，师生共同进入到深层次和密切的协作学习当中，这就是贝克给出的翻转课堂模型。

2007年，杰里米·斯特雷耶在《翻转课堂在学习环境中的效果：传统课堂和翻转课堂使用智能辅导系统开展学习活动的比较研究》博士论文当中阐述了当前大学开设翻转课堂的现状。作者通过实际调查和统计，也在个人讲授的统计与微分课程当中将教学内容制作成教学视频，然后让学生把视频作为家庭作业要完成的任务。到了正式的课堂之上，借助在线课程系统交互技术，让学生主动投入项目实践。他在论文当中也特别提到，学生可自由控制教学视频，确定是否要反复观看，是否要暂停，是否要放慢视频速度等，所以学生可以机动灵活地获得新知识。

从中我们发现，早期阶段翻转课堂是在高校教育的某学科中进行的初级尝试，想要在视频的支持之下让学生有效获取知识。从另外角度上看，早期翻转课堂把侧重点放在用计算机辅助课堂教学方面。其中，包含着的教育理念主要有：推动学生之间互助互学，强化师生之间的交流沟通，推动学生内化知识，而这样的教育理念与之后翻转课堂理念一脉相承。

正当这种全新教学模式在大学里不断被创新以及应用的时候，一位业余教师在为表妹辅导数学功课时掀起了翻转课堂革命，并且轰动整个世界。

三、翻转课堂的发展

2004 年的一天，萨尔曼·可汗为了给表妹辅导数学作业，无意之间创建了一个新的教学模式。此时萨尔曼·可汗只有 28 岁，而数学也是他的一个强项。2004年，为了给表妹纳迪亚辅导数学作业，萨尔曼·可汗（Salman Khan）在无意中创建了一种新的教学模式。他是美国麻省理工学院数学学士、计算机科学和电机工程硕士和哈佛大学工商管理硕士，在学业毕业之后在波士顿的基金公司做了一位基金分析师。

在可汗帮表妹解决数学难题的过程中，利用雅虎涂鸦程序，他们能够看到对方在电脑上写的东西。他们通过电话交流，制定好学习的课程，决定从令表妹纳迪亚烦恼的单位换算开始辅导。

可汗在编写代码方面非常地擅长，给出了很多练习题，让表妹在网络平台上进行练习，用来检查表妹的学习情况。在他的指导之下，表妹在数学方面获得了非常迅速的进步，在数学摸底考试当中也获得了优异的成绩。在这之后，表妹的两个弟弟也让萨尔曼·可汗给他们辅导。在这之后，又有很多的亲戚朋友听说了这件事情之后，带来了更多的学生。此时，他需要辅导的学生人数接近十个。

为了更好地对每个学生的学习状况进行跟踪监控，萨尔曼·可汗把大量的概念制作成模块，同时还建立了数据库。因为，雅虎涂鸦是不能够实现让大量学生同一时间观看操作的，于是萨尔曼·可汗转变了辅导思路，转而制作教学视频，然后将视频上传到网站，使大家可以共享学习。他制作成的教学视频短小精悍，一般情况下只有十分钟的时间，包括的内容有两个方面，分别是黑板的草图与画外音，用数学语言和直观画图的方法让学生理解概念。在教学视频当中，学生能看到的只是他的一双手在写和画图，可以听到语言讲解，看不到整个人，于是消除了很多学习上的干扰。因为，假如在视频当中放入人的脸部，容易让学生出现分神的情况，无法集中注意力在视频讲授的知识内容上，而更多倾向于观察讲课教师的特征和面部表情的变化，所以，可汗决定在录制视频时不出镜。

2006 年 11 月 16 日，可汗把自己制作的第一个视频上传到网站上，在这之后一发不可收。在视频上传到网站之后，很短的时间，在微积分视频之下就有人评论，说是第一次用愉悦的心情做导数题；也有人说是在视频的学习当中收获了快乐，认为这样的视频比矩阵课本更好……在这之后，他每天都能够收到很多表达感激以及激励的评论。在不足五年的时间当中，他把制作教学视频当成了职业，成了网络数学教父。

2006 年，萨尔曼·可汗创办可汗学院，之后，又招来了历史和艺术学科的两位专业讲师。可汗学院制作的教学视频数量逐渐增多，涉及的范围也在不断扩大，有数学当中的基础核心课程，也有物理、化学、经济、军事等多个方面的内容。现如今，萨尔曼·可汗还在不断地拓展领域，想要让教学视频拓展到更多的领域和学科，满足不同学生的学习需要。想要达成这样的目标，他首先需要让自己掌握这些内容，之后才可以在视频制作和讲授知识上给人以启发，把事情讲得完整而深刻。萨尔曼·可汗想要借助自己的不懈努力转变人们的学习方法，让教育可以突破时空限制，让每位学生可以在任何时空条件之下得到一流教育。可汗制作的教学视频都是免费的，处在世界不同地域的人都是能够免费学习的，而这一点也是可汗学院得到越来越多支持和认可的一个关键点，更是它突破传统教育的法门。可汗学院有着自己的宗旨和使命，想要让地球上所有人都可以突破时空享受世界一流的免费教育。

萨尔曼·可汗已然成了业余教育精英，并且得到了大家的热捧。2011 年 3 月，萨尔曼·可汗接受邀请在 TED 2011 大会上进行演讲，听完演讲之后，所有人都站起来为他鼓掌。比尔·盖茨也当场上台就萨尔曼·可汗创立的教育项目和他进行沟通。他创立的免费网站开始得到很多科技领袖在财力方面的支持，推动着这一网站不断地进步和壮大。今天，可汗学院教学已经在互联网的支持和辅助之下进入到了世界各地实体课堂，甚至在一些地方已完全代替教科书。

2011 年 11 月, 加州洛斯拉图斯学区学校和萨尔曼·可汗建立了合作关系, 并在五年级与七年级教学当中引入可汗学院课程, 同时, 也在萨尔曼·可汗帮助之下建立了全新教学系统。所有师生可共同应用可汗学校网站。学生可以登上网站观看和学习教学视频, 同时, 还可以做对应的练习。教师扮演好教练角色, 在后台查看学生学习数据: 蓝色表示学生正在学习之中, 绿色表示学生已掌握了某个知识点, 而红色则表示他们在学习时遇到的疑问。利用这些数据, 教师可以有效获知学生的实际水准, 可以掌握学生每日的学习时间, 也可以了解学生是何处暂停或停止的, 这样就能够及时发现学生的共性与个性问题, 并有针对性地给予引导和帮助。如果学生在学视频或者是做练习时遇到了问题, 可随时发邮件提问。可汗学院会在线给出回答, 每秒可回答 15 个问题。萨尔曼·可汗在网站上设计了基于自动生成问题的 Java 软件, 给予了学生强大的学习助力, 学生在全部答对一套题之后, 软件才会给出更高级题目, 而且在到达某个层次之后, 会奖给学生一个勋章。满十分前进一步的教育模式促使学生循序渐进, 同时, 也符合他们的认知规律, 让他们可以在学习当中收获更多的成长。优化后的练习系统还可以生成知识地图, 做学情方面的分析, 之后, 借助图表给学生提供反馈, 让学生了解自己的薄弱点和需要改进的地方。

通过对这部分学生的学习成果和状态进行分析和总结, 我们发现了一个可喜成果: 所有学生的成绩不但没有下降趋势, 而且得到了明显的提高。从学习成果方面看, 和上一年相比, 七年级学生平均分增长率为 106 %, 从七年级毕业学生人数更是成倍增长, 达到了原有数量的两倍, 甚至有的学生成绩等级连跳两级。可汗学院的教学方式也改变了学生的性格, 使学生更加地刻苦, 也提高了学生的学习责任感。不仅这个学校是如此, 其他与可汗学院合作的学校也获得了相似成果。

在美国的很多学校当中, 教师直接将可汗学院教学视频应用到翻转课堂教育当中, 消除了自己制作教学视频技能不足的困难。因为, 制作教学视频对教师的技术能力要求很高, 同时也要求教师的讲解技能非常地全面和深入。

可汗学院的规模和影响力都在不断地扩大。截止到 2014 年 1 月份的数据, 可汗学院频道订阅者为 163.3 万, 观看次数超 3.55 亿。一直到现在, 萨尔曼·可汗制作的教学视频共有 4 800 段, 全部视频都免费, 而且覆盖面广, 涉及的题材非常丰富, 从基础数学一直到高等数学, 从物理到金融再到生物, 从化学到军事再到历史, 不管是哪个学科都有涉及。

萨尔曼·可汗免费在线教学视频促进了翻转课堂的普及推广, 而翻转课堂也是随着可汗学院爆红全世界而被教育工作者认识并且重视的。如今，开始有更多的国家与地区看到了翻转课堂的优势，开始在翻转课堂方面加大研究和实践力度。

第二节 翻转课堂教学模式对大学数学教学质量的提升

一、翻转课堂与传统课堂的比较

（一）教师由讲授变为设计

近十多年以来，在教育信息化进程不断加快和数字化技术更先进的背景下，教师开始运用多元化的方法进行数字化教育资源的开发设计，而教师在整个课堂上占据支配性地位，利用讲授的方法开展教学活动，实际上仍然是让学生被动性地学习，根本没有对以往的学习状态进行转变。伴随翻转课堂模式的产生，教师角色发生了翻天覆地的改变，教师不再是讲台的圣人，而是学生学习中的教练，发挥的是促进和引导的作用。翻转课堂中所有活动均由师生共同完成，所以教师不再主宰着整个课堂，彰显了学生主体性，也让学生获得了积极的学习感受。另外，翻转课堂推动了教师主导价值的增强。这是因为教师想要保证翻转课堂活动的顺利实施，就必须熟练掌握多种多样的教学组织方法，运用更好的教育技巧，优化教学。同时，教师还需要担当好教学视频设计者与学习资源供给者等多个角色。教师想要让自己的这几个角色都扮演得很好，让学生真正在课前完成对所学内容重难点的把握，需要做好充分的准备工作，要让教学视频质量得到根本提升。

（二）学生变得更为积极主动

大学生通常已经拥有了自学能力，是能够独立学习和完成有关学习任务的。但是在传统教育模式当中，学生被动地学习与接受，根本没有自主学习的机会。传统教育模式扼杀了学生的天性，也让学生丧失了自主性，使学生长时间处在被动学习的状态，机械性地完成教师给予的各项任务安排。翻转课堂模式的贯彻落实，为学生提供了个性化学习平台，尤其是可以让学生在课前利用教学视频，安排好学习进度和学习内容。课堂学习当中，学生会更多地与教师进行交流答疑，解决数学学习当中遇到的重难点问题，进而收获深层次的知识，让被动学习成为主动快乐的学习。

（三）重新分配课堂时间，提高教学效率

翻转课堂的显著特点是对课堂时间进行了创造性安排，课堂上的时间不是用来教授知识，因为知识当中的很大一部分内容需要学生在课下通过学习教学视频来完成。比如，学生可以到图书馆获取资料，可以在微课和慕课的支持下在网上学习，还可以与同学交流探讨掌握所学内容。在这样的教学安排下，教师不用将过多时间放在教授上，而是有更多时间与学生交流，对学生进行辅导和启发，解决学生在自学当中无法解决的问题，满足学生对知识的渴望，也为学生学习风格的确立和个性化学习成长打下了基础。在这样一个现代化课堂上，学生的学习能力得到了发展，同时，也让学生拓展了学习的空间与时间。因此，翻转课堂是提升教学与学习效率、打破传统教学桎梏的模式。

二、微课帮助实现翻转课堂教学模式

微课的产生让翻转课堂模式的落实拥有了更大的支撑力量。微课程来源于美国，在 1993 年，北爱荷华大学 McGrew 教授就开发了 60 秒课程。在这之后的1995 年，英国那皮尔大学教授提出一分钟讲座。到 2008 年，微课程被正式提出，提出者是戴维·彭罗斯，一位美国的高级教学设计师。他将学习课程细分成很多小的核心概论内容，利用极短的视频（通常是 1 分钟到 3 分钟），教授各个小的核心概念，进而逐层次地落实教学目标，同时，会在视频之后配有一定的练习任务。另外，会借助一个更短的时间介绍与总结，将视频连接成一个系统，使学生可以拥有聚焦学习体验，这个时间通常是 15 秒到 30 秒。自此，微课程开始用差异化形式在国外快速推广，萨尔曼·可汗的可汗学院是微课程当中影响最大的。很多原本复杂烦琐的教学过程，利用计算机以及手写板等录制工具能够简化成非常简单的内容。可以说，微课教学做到了深入浅出，而且具备短小精悍的显著特征，具备极大的教学应用优势，因此，也在全世界带来了用视频再造教育的革命，在这之后，产生了翻转课堂和慕课教育模式。

微课是一种新兴课件技术，在实际应用当中拥有着非常多的优势。微课有两层含义，分别是微课程与微课件。上网时间长的视频课件无法满足当代学生学习兴趣的发展要求，而且他们也没有足够多的耐心观看和学习过长又过于乏味的视频。微课具有短小精悍的特点，教学内容和活动主题的确定，影响着学生的内驱动力与学习主动性。所以，教师需要在微课教学当中把握好这两个内容，确保师

生之间更加顺畅有效地沟通，也让学生可以明确抓住学习目标，自由自主与有目的地完成学习。

三、大学数学微课对课堂教学的作用

微课是一种信息化时代的产物，和移动互联网技术相辅相成，能够为学生的移动性学习提供载体，也能够满足学生以及社会学习者的多元学习需要。微课是课程当中每个知识点与技能点的视频片段，其应用优势主要体现在：

（一）时间短，内容短小精悍准确

微课视频时间短，时间范围一般是 5 ~ 20 分钟。虽然时间很短，但是能够凸显出知识的重点和难点，将数学知识内容讲授得非常直观和富有条理，减少过多课堂时间的占用。微课视频不是我们常规上认识到的课堂录像，更不是把知识点进行浓缩形成的一个教学视频。一个微课视频讲清楚一个知识点，解决一个问题，提出一个方法。该时间与学生注意力的持续时间相符，所以具备规律性。再加上网络技术的融入，可以利用学生喜欢网络化的特征，让他们拥有一个符合自己喜好的学习新模式。

（二）视频有吸引力

微课视频常常应用到的是多媒体技术，在该技术的辅助下淡化了很多的教师形体语言，运用声音、动画、视频、图片等多元化的形式为学生呈现数学知识，实现了声情并茂，能够让学生逐步跟上教授者的思路，并顺利地内化知识点，消除学习当中的诸多干扰因素。

（三）学习群体多样化

利用微课视频进行学习的人并不都是学生，也可以是其他具备一定基础的人。微课程视频面向的是所有的学习者，所以视频讲解的内容一定要清楚、生动，同时，必须要内容准确，可以让广大学习者学有所获。

（四）一门课程的微课自成体系

要用微课把课程讲解清楚，并上传到网络平台上，先要把课程进行细化分解，使其从整体变成由大量知识点构成的一个体系，针对每个知识点制作完成一个微课视频，把一个个视频组合起来，就形成了数学课程慕课建设内容。

制作微课视频的方式推动了大学数学课程建设，同时，也显著降低了课程建设和发展的难度。第一，利用视频动画制作的方式能够让各个知识点更加的直观鲜活，可以让学生对所学内容产生浓厚兴趣。第二，对教师的要求有了很大的提

升，强调教师制作完成的视频必须要把知识点教得完整、准确，以便拓展学生的眼界，丰富学生的知识范围。另外，教师必须不断更新制作方面的技术手段，有效提升信息素养。第三，微课视频的支持以及翻转课堂的应用让师生之间拥有了沟通互动的纽带。教师在课前学习视频，能够有效完成预习任务，并对教学内容进行有效了解，这样，课堂上教师可以有充分的时间与学生探讨，实现答疑解惑，增强教学针对性。

四、大学数学翻转课堂的实施方案

纵观目前大学数学课程的教育现状，当前高校数学教育存在的很多问题已经到了尤为显著的时期。比如，课时安排少、师生互动缺乏、教学成效不理想等，而以上问题通过翻转课堂的落实将会进行转变和调整。

根据高校数学教育现况，同时借鉴翻转课堂教学中的宝贵经验与成果，我们给出了下面的方案，也就是给出翻转课堂建设的一些参考意见。

第一步，教师先认真透彻地研究数学教学大纲，调查大学生的专业需要和学生在数学方面想到达的实际水准，以此为根据明确数学目标，精选教学内容，在目标与内容的指导下设计学习任务单。任务单当中必须包括要求学生在课前要做的准备工作，如预习的内容、观看的视频材料、要完成的习题练习等。

第二步，教师把数学教学内容制作成教学视频，然后上传到网站上，并把事前设计好的学习任务单分发给每一位学生。教学视频要长短适宜，每一段视频要讲清楚一个定义、定理或者方法。视频应该是短小精悍和内容集中的微课，而不是时间过长且枯燥单调的在线课程。为保证视频质量，教师需要在设计制作时花费更多的心思和心力，确保视频资料兼具知识性及趣味性，达到知识教学和兴趣引导的双重效果。

第三步，学生自主安排时间登录网站观看视频资料，填好学习任务单。在这其中，我们要注意，视频资料能够代替的，只是教师的一部分工作内容，不是所有学生都能够自主掌握视频当中涉及的诸多知识点，所以在线交流是必不可少的。针对这一情况，教师可利用即时沟通工具建立微信群或 QQ 群，让学生拥有一个稳定的交流平台，让教师可以及时为学生答疑，也让学生间可以相互探讨学习感受，并在彼此的学习当中给予一定的帮助。

第四步，教师收回发放给学生的学习任务单，同时分析学生的任务单，利用这些反馈信息做好教学安排。从任务单的作用上看，学生以此为载体反馈视频学习当中存在的疑问，表达观看过程中的感受，同时，围绕视频当中的知识点提出疑问。教师可结合反馈信息，对学生进行恰当分组，将存在相同或相似问题的学生安排在同一个学习小组当中，然后给他们设计具备探讨意义的问题。

第五步，教师设计并安排好课堂教学活动。在正式上课阶段，可以先用简单回顾的方式让学生回想视频当中的知识点，然后针对性地解决学生的疑问。接下来，将设计好的高价值问题作为中心，让学生分组探讨，同时开展师生交流活动。在这样的互动氛围当中，教师需要起到督促作用，尽可能让每个学生都拥有发言的机会，而小组当中的学生则轮流代表小组发言，确保每位学生都可以实现真正意义上的参与，不再让课堂成为少数尖子生的课堂，让每个学生的主体地位得到确立。这样教学方式支撑下的课堂，学生成了主人翁，因而会让学生更具学习动力。

第六步，教师总结视频学习和课上交流的相关情况，给出归纳和一定的建议。课堂总结可以给一个课堂画龙点睛，合理恰当的总结，能够再一次刺激学生产生学习动力，挖掘学生的学习潜能，引起学生主动地思考，提高学生的智力能力，利用好非智力因素。在总结时，教师可以运用不同的方法，如概括性总结、悬念性总结、拓展性总结等。

第三节 基于翻转课堂教学模式的大学数学微课教学实践

一、基于翻转课堂教学模式下的大学微课教学实施策略

大学数学课程与其他课程不同，拥有严密的逻辑，同时也凸显出了概念性。甚至在很多的情况下，一节课只够讲授几个公式定理或者数学概念。面对教学时间严重不足的情况，在翻转课堂的应用之下，可以把教学内容制作成微课视频，之后把视频资料上传到平台上，让学生在课前自主完成视频内容的学习，让单调枯燥的数学课程变成声情并茂的新模式。课堂时间是非常有限的，当学生有了课前的预习准备之后，课堂上的时间就会相对充足，可以让教师为学生答疑，也可开展小组合作学习活动，并完成一些公共知识的课堂练习，让学生升华知识。在课程结束之后，教师和学生都参与到教学评价当中，提出优化和改进的策略，保证教学质量与效率。根据上面的步骤安排，基于翻转课堂的大学数学微课教学的

具体实施步骤可以进行如下设计，具体见图6-2。

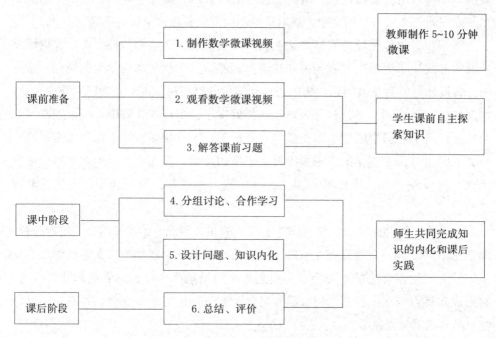

图6-2 基于翻转课堂教学模式下的大学数学微课教学模型

（一）课前准备

为了提升微课教学质量，一个关键点就是要做好充分的课前准备工作。教师需要把数学教学内容作为根据，利用多媒体数学资源以及课件制作微课，之后发布微课上传到网络平台或者是用群邮件的形式供学生学习，让学生可以在课下自主安排时间完成预习。学生需要在课下自主下载视频资料，以此为依据自学数学知识点。学生拥有充分的自主权，可以考虑自己的学习情况，科学设置学习时间与进度，如果在观看视频时遇到了问题，可暂停，也可返回去重新看，同时还要做好问题记录工作。在掌握了视频当中教授的知识点后，学生还需完成教师安排的练习题。面对自学中的疑难问题，学生可以通过查阅相关资料或者请求同学帮忙解决，也可以借助网络化教学平台请教教师，或者是记录下来，在课堂的讨论环节解答。教师此时应该做好学生学习状况的跟踪，了解学生的进度，掌握学生的知识领悟水平，以便在接下来的时间当中，设计好课堂教学的任务，发展学生的数学思维，具体实施见图6-3。

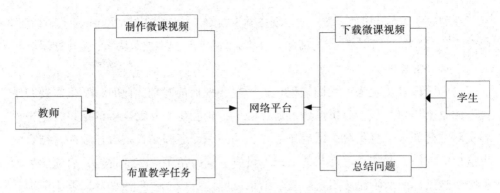

图 6-3　基于翻转课堂教学模式下的大学数学微课教学课前准备模型图

例如，在教"微积分"这章不定积分的分部积分时，教学目标是学生掌握不定积分的技巧，重点是理解并合理应用分部积分公式。将导数公式两侧同时积分，即：$\int a(x)v'\mathrm{d}(x) = u(x)v(x) - \int v(x)u('x)\mathrm{d}x$，可以将其简化为：$\int u\,\mathrm{d}v = uv - \int v\,\mathrm{d}u$。

凑微分成 u 的原则为：哪一个更简单、更容易凑，便凑哪一个。

典型例题：$\int x\cos x\mathrm{d}x$，$\int x^2 \mathrm{e}^x\,\mathrm{d}x$，$\int \arcsin x\mathrm{d}x$，$\int x\arctan x\mathrm{d}x$，$\int \sec^a x\mathrm{d}x$。

练习：$\int x\ln x\mathrm{d}x$，$\int x\tan^2 x\mathrm{d}x$。

教师在课前就可以将这部分制作成微课，然后上传到学习平台上，由学生自主观看，并自行解决练习题。

（二）课中阶段

这个阶段是教师实施教学的具体阶段，该阶段的重要任务就是完成知识的内化与吸收。在课堂上，可以是互动探讨课前自学当中的疑问，接下来教师结合预习中的普遍问题，对重难点问题进行讲解，让学生可以逐个突破、循序渐进地完成知识内化。在这个学习阶段，师生都是自由的，因为只有在这样的情境之下，才能够让师生进行良好的互动，保证教学效果。而到了课后阶段，教师可结合学生学习状况，呈现难度各不相同的经典数学例题，接下来让学生在小组当中探讨例题，既巩固基础知识，又锻炼学生运用课堂所学解决问题的能力。

我们还把微积分中不定积分的分部积分教学作为例子，课上教师需再次强调这部分内容的重难点，起到督促和强化效果的作用。学生在自学并掌握了分部积分的关键步骤以及本质内涵之后，教师可为学生补充例题：$\int \mathrm{e}^x \sin x\mathrm{d}x$，$\int \sqrt{x^2 + a^2}\,\mathrm{d}x$，$\int \mathrm{e}^x\mathrm{d}x$；

思考题：设 $f(x)$ 的一个原函数为 $\dfrac{\sin x}{x}$，求 $\int xf''(x)\mathrm{d}x$ 与 $\dfrac{x - \cos x}{1 + \sin x}$。

在完成立体设计之后，教师便呈现在学生面前，并让学生结成学习小组，在组内探究结果，培养学生团结协作的精神，帮助学生在探讨当中加深认识、内化知识。

（三）课后阶段

这个阶段是学生深入巩固知识、进行自我发展的时期。此时，学生需要归纳自己的整个学习过程，分析课堂上通过师生讨论和生生互动获得的结果，把理论和实际结合起来，自主解决课后作业当中的问题。老师则在批改作业时，结合学生给出的反馈，调整预习环节的资源库设置，同时给予一定的批注，启迪学生的思维。当然，课后阶段并不表明教学结束，应该形成一个良性循环，强化反馈效应，让大学数学教育可以逐步弥补以往的诸多弊端。教师可在课程结束后简要梳理重难点，设计少而精的经典练习题，让差异化层次的学生完成拓展训练。

比如，在教学完全概率公式之后，教师在微课当中设计这样的练习题，让学生解答：已知某市有甲、乙2个区，两区的人口比例为1：2。根据以前的案件记录显示：甲区居民每年的犯罪率为0.01，而乙区居民每年的犯罪率为0.015，请问该市居民每年的犯罪率是多少？假如已知该市某人犯罪，那么该罪犯为甲区的概率是多少？第一个问题是执因索果，考查学生是否真正掌握了全概率公式，是否能够对其进行适当的应用。第二个问题是执果索因，考查的是贝叶斯公式，也就是学生接下来要学习到的。学生可以在问题的引导之下，通过不同的渠道查找有关信息，实现持续性的学习，也让学生的学习内容得到延伸。

二、大学数学课程——线性代数微课的案例分析

就高校数学类的课程而言，教师可针对某个或某些知识点尝试制作微课视频，并尝试推进翻转课堂改革。我们选取线性代数中"排列与逆序数"制作微课视频。与这一知识点相关的背景与目标设计如下：

教学背景：想要对线性方程组求解，就要引入行列式工具，从而需要获得排列理论的知识。

教学目标：利用3阶行列式定义研究，运用排列理论工具，让n阶行列式的定义拥有可能性。

教学重点：借助具体案例揭示排列特征，从三阶推广得出n阶行列式的定义。

教学难点：理解对换改变排列奇偶性。

教学方法：案例教学法以及类推教学法；案例式和类推法。

教学手段：多媒体教学工具以及其他现代教育辅助工具。

三阶行列式的定义如下：

$$\begin{vmatrix} a_{11} & a_{12} & a_{13} \\ a_{21} & a_{22} & a_{23} \\ a_{31} & a_{32} & a_{33} \end{vmatrix} = a_{11}a_{22}a_{33} + a_{12}a_{23}a_{31} + a_{13}a_{21}a_{32}$$

$$- a_{11}a_{23}a_{32} - a_{12}a_{21}a_{33} - a_{13}a_{22}a_{31}$$

从上式中能够发现，它们是一些乘积代数和，每项乘积都由行列式中位于不同的行和不同的列的元素构成，且展开式恰好是由所有这种可能的乘积组成的。另外，每项乘积都带有符号，这个符号是按什么原则决定的？由此，想要推广行列式定义，首先要解决两个问题：

1. 展开式中有多少项？其中多少项正项？多少项负项？

2. 每一项的符号如何确定？

从此演出本节的核心知识点，要利用排列的方式解决以上问题，让行列式定义推广拥有可能性。

核心定义讲解时间约 5 分钟，在得到对换性质时，运用案例教学法，说明对换改变排列奇偶性，然后运用循序渐进法，完成从特殊到一般的总结归纳。首先，以下案例表明排列可改变相邻对换奇偶性。

47 3126　　　$t = 3+3+2+0+2+1 = 11$
47 1326　　　$t = 2+3+2+0+2+1 = 10$

该案例表明，完成一次相邻对换，由奇排列变为偶排列，奇偶性改变。

突出数学研究是从特殊到一般、从简单到复杂的方法。为证明一般对换同样也可改变排列奇偶性，再次给出另外的案例。具体教学设计为：

4731265　　7 与 6 之间有 3 个数，经过 4 次相邻对换，
4713625　　　再经过 3 次相邻对换，完成一般对换
↓
4716325
↓
4761325　　　7 与 6 之间有 m 个数，经过（　）次
4671325　　　　相邻对换，完成一般对换
↓
4617325
↓
4613725　　答案：$2m+1$ 次
↓
4613275

该案例表明对排列进行一次对换，上面的排列由奇排列变为偶排列，奇偶性改变。而且，我们将结论也自然推广到了对换的两个数之间有 m 个数，需要 $2m+1$ 次相邻对换才可以完成，即奇偶性同样发生改变。

在视频的最后，为学生提出这一章节的思考题：n 级排列中有多少个奇排列？多少个偶排列？对行列式的影响是什么？

在微课程的最后进行小结，归纳所有知识点，总共包括以下三点：

1. 在全部 n 级排列中，奇、偶排列的个数相等，各有个 $n!/2$。

2. 三阶行列式中共有 6 项，且正项有 3 项（固定行指标，对应的列指标为偶排列），负项有 3 项（固定行指标，对应的列指标为奇排列）。即在三级行列式的展开式中，项的一般形式可以写成

$$a_{1j_1}a_{2j_2}a_{3j_3}$$

其中 $j_1j_2j_3$ 是 1，2，3 的一个排列。可以看出，当 $j_1j_2j_3$ 是偶排列时，对应的项在行列式中带有正号；当 $j_1j_2j_3$ 是奇排列时，对应的项在行列式中带负号。

3. 由此，可以定义 n 阶行列式。

利用这样的流程和方法就录制完成了时间约 15 分钟的视频，在具体的教学环节课，结合翻转课堂方法，让学生在课前预习阶段学习该视频，在课堂上探讨疑问。

大学数学微课建设是教育改革的重要组成部分，更是一项系统性和长期性的教育工程。普通教师可尝试所讲课程的微课视频制作以及应用。实际上，不管是哪个专业课，都可以进行微课视频制作的尝试，并且进行一定的应用和总结，把教学重难点制作成微课，然后让学生进行网络化学习。从系统方面上看，能够提炼课程知识点和重要的技能点。教师李芳说，数学与应用数学专业的高等代数课程，可把重点知识制作成微课视频。比如，矩阵定义、矩阵求逆方法、二次型定义、线性空间定义等，都是能够作为微视频制作素材的。在讲课时录制小视频，凸显出原汁原味。这样，学生可以在课下以此为根据做好复习，实现深层次的巩固提升。另外，翻转课堂可以逐步在教学当中落实。

把微课和翻转课堂构成一个整体可以被称作是慕课。现如今，慕课教学模式借着信息化的东风，冲击和挑战着如今的大学教育。我们高校教师也开始在各方面的教育实践当中受到挑战。比如，教学模式提倡以学生为本，而不是一味地强调教师，作为主讲授人，精妙的课程安排让师生都拥有了良好的学习平台。推动教育改革深入落实，高校间互认学分，学生可自由选择教师上课，推动教师必须

自觉提高教学质量。在巨大的挑战压力之下，我们要做的是要把微课、翻转课堂和慕课这几项课程建设内容之间的关系了解清楚，真正意义上思考自己所教课程更适合运用哪一种模式。不过，我们也要清楚地认识到，微课教学虽然有很多优势，但是局限性也是存在的。比如，微课教育模式之下，知识点比较零散，不能够实施系统化和全面化教学，而且学生管理的难度相对较大等。要解决好这些问题，必须持续不断地进行微课制作，尝试促进教学改革。所以，高校教师要树立与时俱进的教育理念，不断提高对教学改革的适应能力，创建教学特色，探究微课教学，推动翻转课堂的优化。

三、基于翻转课堂教学模式下的大学数学微课教学实施过程中的问题

因为翻转课堂下的微课教学产生时间很晚，在我国范围内推广应用的时间很短，再加上我国数十年来都受到传统模式的影响，因而给这一现代化模式的推广带来了很大的障碍。所以该模式落实当中出现了很多明显的问题：第一，课堂教学和作息时间亟待调整和改善。第二，教师应该怎样掌握学生的知识水平，怎样以此为根据调整教育内容与方法，还有重重困难。第三，现代信息技术在教学模式落实当中的应用有待完善。第四，学生的自学能力还处于较低层次，与此同时，不管是学生还是教师，在现代科技应用方面都存在能力不足的问题。第五，教师教学质量以及学生评价不够健全，因而，难以形成对这一教学模式应用效果的评估。

综上所述，翻转课堂教学作为一种新时代的教学方法，正在全国各个学校中得到推广，而现代教育技术的大范围推广和现代技术的普及应用，让微课可以促进学生学习方式的转变。微课是大学数学教育不可多得的资源，有效拓展了传统模式，还延伸了学生的学习空间。对广大高校学生来说，微课视频能够满足他们反复学习的需要，使他们能够在数学学习当中冲破时空限制，自主安排各项学习任务。学习能力和层次各不相同的学生能够从自己的实际出发调整观看方式，因而可以极大程度上锻炼学生的反思技能。对广大数学教师来说，微课视频的设计和制作的过程，也是教师进行教学反思和自我提升的过程，有助于推动教师专业化成长，最终达到一种教学相长的双赢效果。不过，我们也必须客观分析翻转课堂在数学微课教育落实中存在的问题和不足，还需得到教育工作者的关注和研究。

第七章 数学方法论视角下大学数学教学方法创新——案例教学

第一节 数学案例教学的理论基础

一、数学案例教学的相关概念界定

（一）案例的概念

"案例"一词，英文写作"case"，汉语可以译为"个案""个例""实例""事例"等，比较公认的是译为"案例"。基于不同的审视角度，人们对于"案例"内涵的描述也不同。

谈到工商管理案例时，格柯（Gragg, C.I.）认为："案例，就是一个商业事务的记录，管理者实际面对的困境，以及做出决策所依赖的事实、认识和偏见等都在其中有所显现。通过向学生展示这些真正的和具体的事例，促使他们对问题进行相当深入的分析，并考虑最后采取什么样的行动。"

我国台湾学者高熏芳认为，案例最普遍的一个定义是："案例是一种描述性的研究文件（research document），乃是在一个特定学校、特定教室或某一个教师所遭遇到的特殊状况、处境、难题、事件或冲突等，以一种叙事文体（narrative）方式来描述真实的班级生活，且尽量把情境、参与者与情境实体做平行的与多重面向的观点呈现。"

郑金洲认为："简单地说，一个案例就是一个实际情境的描述，在这个情境中，包含有一个或多个疑难问题，同时，也可能包含有解决这些问题的方法。"

上面给出的内容是几位学者从差异化角度，运用差异化词汇界定案例本质获

得的成果，不过，这些内容在本质上并没有多大的差别。这些定义主要强调了两个内容，那就是案例一定要真实，还有就是案例必须基于仔细认真的研究，能够促进使用者多元能力的发展。

（二）案例教学的概念

教学案例编写和案例教学法的应用密不可分，案例教学通常是把教学案例作为重要载体，要想促进案例教学法的落实，先要搜集和编辑案例。

郑金洲从两个不同的角度给出了案例教学的定义："从广义上讲，案例教学法可界定为通过对一个具体教育情境的描述，引导学生对这些特殊情境进行讨论的一种教学方法。在一定意义上它是与讲授法相对的。"

《教育学大辞典》中是这样定义的：高等学校社会科学某些科类的专业教学中的一种教学方法。即通过组织学生讨论一系列的案例，提出解决问题的方案，使学生掌握有关的专业技能、知识和理论。

由此，我们将案例教学定义为：教育者根据一定的教育目的，以案例为基本教学教材，将学习者引入教育实践的情境中，通过师生之间、生生之间的多向互动、平等对话和积极研讨等形式，来提高学习者面对复杂教育情境的决策能力和行动能力的一系列教学方式的总和。它不仅强调教师的"教"，更强调学生的"学"，要求教师和学生角色都要有相当大程度的转变。

（三）教学案例的概念

如果将案例运用在教育中，人们习惯上将其形象地称为"课例""教例""教学案例"等。也有人认为，"我国教育界借用法学术语称教育中的个案研究为'案例研究'并无大碍，只是使用起来有点别扭，感觉好像是在研究什么案子，认为将案例称为'教例'似乎更为妥当，如果所研究的'教例'是以课为单位，称其为'课例'也非常妥当"。

鉴于此，可将教学案例界定为：教学案例是教育者亲身经历的，或者他人转述的教学课堂里真实发生的教学两难情境。它是为教学目的设计的，它可以包含一个或几个教学困惑，但是这些案例问题必须是典型的、有代表性的，能够引发案例阅读者进行深思，并对其中的教学冲突给出相应的解决方法，它是专门为案例教学所建构的。

（四）教学案例与课例、教案、事例的区别

1.案例与课例

课例是以一节具体课为例，体现出课堂活动从设计到实施的过程，涵盖教学

设计、实录、反思等内容，可以一人同课或不同课多班多轮、多人同课或不同课多班多轮等进行。特例的普遍优势是将课堂作为根本立足点，能够将理论思想放在鲜活生动的教学当中，可以把宏大理论转化成为个体的教育事件或经验。我们可以把课例当作是案例的其中一个形式。

2. 案例与教案

教案是教师为保证一定教学目标的达成，结合考试大纲，考虑到教学对象，以课时为单位设计的具体教学法，是教师上课的根据。教案属于对教学实践的一种预设，是一种将来时。教学案例则是过去时，是对已经发声的教学过程的反思和归纳。每一堂课都有教案存在，但并不是每一堂课的归纳反思都可以叫作教学案例。

3. 案例与事例

教学事例属于天然的没有经过加工处理的事例，是把抽象概念具体化形成的。案例则基于一定目的，在特定目的指导之下筛选设计处理之后的真实故事与材料。

4. 案例与实例

案例之所以被称为案例，是由于它是被用于教学的"实例"。实例与案例二者既有联系又有区别：一方面，案例必须是实例，不是实例就不是案例；另一方面，实例不等于案例。两者之间的最大区别是：案例具有特定的文本和书写规范，是为特殊的教学目的服务的。因此，不是所有写实的事例都可以一概称为案例。比如，从报纸上摘录的有关数学教育的报道，虽然是对数学问题的一些阐述，但毕竟是摘抄下来的。

5. 案例与范例

可以将案例完全和范例等同，范例多半是已经解决的问题，如果适当放宽标准，是可以将范例归入到案例的，但不可以成为教学案例的主流部分。

总之，案例在内涵和特征上都有其独特要求。从广义上来说，可以把实例与范例等归于案例之列，但是要明确它们不是教学案例的主干，而是一些特殊的旁支。实例、范例等有其教学功能上的重要作用，但是在本质上与教学案例所依托的教学案例还是存在重大区别的。各类教学载体和工具都应当发挥出其应有的作用，各司其职，相辅相成，互相配合，相得益彰。

（五）教学案例的类型

掌握教学案例类型，并对其进行一定的划分，能够让我们在建立和挑选案例时更加得心应手，也更有助于对案例进行实际应用，提升教学质量。下面将对教学案例的几个类型进行说明。

1. 按篇幅长短，数学教学案例可以分为短、中、长、超长四类。短篇案例，通常指 2500 字以下的；中篇案例，指在 2500 字至 8000 字之间的；长篇案例，指超过 8000 字的；除此以外，将超过两万字的案例称为超长型案例。短篇案例常常可以应用到阅读讨论当中，篇幅较大的中长篇案例应该提前布置给学生，让学生事前对其进行阅读和分析，同时书写案例分析和研究报告，之后，再运用到课堂上。中短篇案例在篇幅方面与学生的阅读量和准备量相符，所以实际应用比较广泛，超长型案例在综合课程教学当中应用很多，要耗费的准备时间也比较长。

2. 根据案例所属学段、学科和教学目标的不同，可以分为小学教学案例、初中教学案例、高中教学案例、大学教学案例；语文教学案例、数学教学案例、英语教学案例等；知识教学案例、能力教学案例、塑造个性的教学案例、品德教学案例等。

3. 按照教学内容不同，教育案例通常情况下也被分为学科教学类和教育活动类两大类。学科教学类案例又分为核心内容教学设计和教学活动类，教学活动又分为课堂管理和班队活动。

4. 根据案例的主体属性不同，可以分为人物教学案例和事件教学案例。人物教学案例是指以教育实践中有代表性的个人或群体为对象来描述的教学事件，人物教学案例要有人的发展或经历。事件教学案例是指以教育实践中发生的典型事件为对象来描述的教学，事件教学案例要有事件的情境或经过。有些情况下事件和人物是结合在一起的，如案例《子路、曾皙、冉有、公西华侍坐章》。

5. 根据案例完整程度的不同，可以分为完整教学案例和片段教学案例。完整教学案例包括一节课的教学（通常是课例形式）或一个完整内容的教学，包括公开课、研讨课、优质课的现场观摩或录像。完整教学案例可以呈现整个教学过程，全面丰富，可以感受到教师的教学环节和学生的真实表现。片段教学案例是截取完整教学案例的一个小教学片段，这些教学片段短小精悍，指向性明确，呈现便捷，可以生动地描述一种相对独立的教学事件，证明一个或几个教育观点。但因为是片段可能背景不清晰，没有来龙去脉，可能会造成偏颇之见。

6. 根据案例数量特点不同，可以分为单个案例和相关案例组合。尽管单个案例的内容可以复杂一些，但是囿于一个案例的篇幅容量和内在逻辑性，有时单个案例尚欠丰富，这时就需要把多个相关联的案例集中呈现。把几个相互联系的案例和有明显矛盾冲突的案例放在一起，挑战学生教育理论的思维水平和解读矛盾现象的能力，这样通常会起到单个案例起不到的作用。比如，把几个关于教学导入的案例放在一起呈现给学生，帮助学生掌握教学导入的教学技能。

7.按教学功能的不同，可划分为描述／评价型案例和问题／决策型案例。描述／评价型案例，一般是像讲故事一样原原本本地介绍事件的全过程，有现成的方案与计划，要求案例使用者对之进行评审，指出其长处，同时，也点明它的疏漏与不足，两者都需陈述理由，而且最好以所学理论作为论证依据。这种案例可以描述发现处理问题的全过程，达到扩大学生知识面、验证与加深其理解相关理论的效果。但更多地是只写到方案拟定好为止，不叙述执行结果，更不加总结与评价，而给学生留有余地。学生通过阅读这样的案例，了解有关情况，弄懂理论原则，积累实际资料，掌握专业知识，加深对原理的认识。问题／决策型案例，它一般除具有描述特点外，还包含着可供分析讨论的问题。学生除了了解情况外，还需要把这些问题发掘出来，分清主次，探究原因，拟定对策，最后做出决定。这无疑有利于培养读者全面的教学能力，体现了案例教学的基本要求。因此，这种问题／决策型案例是最典型的，也是教学案例的主流。

8.根据案例呈现媒介的不同，可以分为文字教学案例（含幻灯片文字案例）、口述教学案例、教学案例录像、动漫教学案例和演出或真实教学案例。数学教学案例的种类按照不同的分类标准还有很多，如按案例复杂程度的不同，可以分为单一专题型和综合型两类，但是这两者之间的界限并不是绝对清楚的，以上分类可能存在中间混合的情况。

（六）数学教学案例的概念

舒尔曼认为，数学教学案例是数学教学实践的摹写，摹写案例的目的在于把数学教学实践中的教育学问题突出出来，以便更清楚地认识问题本质。

苑爱民的观点是：数学教学案例是对数学教学活动中具有典型意义的、能够反映数学教学某些数学思想、原理的具体数学事件的描述、总结和分析。它通常是课堂内真实的故事、数学教学实践中遇到的困惑及成功解除或遭遇失败的真实记录。苑爱民简明地概括了数学教学案例的本质特征，突出地说明了教师应该在什么情况下以及从哪些方面对数学教学案例中的事件进行反思、讨论。

（七）数学教学案例的特点

1.教学案例一定要将事实作为根本依据，具备真实性的特征。它和创作小说相比有很大的差别，案例的主题内容以及情节都不能够是虚构的。名称和数据可以进行掩饰，满足保密的需要；必要时可以对材料进行删减合并，但基本事实应该是来自教学实际的。教学案例应该是白描式的事实记录，是真实教学事件的再现。

2.教学案例应该涵盖一个或多个数学问题。这些问题可以是有待解决的，也可以是已经解决了的。由于案例最后都是要在案例教学当中体现的，其目的在于让学生掌握问题解决的方法，因此，在整个过程当中必须要有典型性和适合学生探究的问题作为案例线索。一般情况下，这些教学问题不存在唯一的最佳答案，要让学生从不同角度出发得到思路与方法。

3.教学案例要有明确的目标。案例准备用于数学课程的哪个章节，拟使学生借此验证、运用什么数学概念、理论、技能或工具，想让他们通过分析与讨论，掌握和提高哪些数学教学知识与技能，事先都要做到心中有数。

4.教学案例必须具备典型性特征。案例是由一个或几个数学问题组成的，这些数学问题要具有典型性，代表着某一类事物或现象的本质属性，概括和辐射许多理论知识，包括学生在实践中可能会遇到的问题，从而使学生不仅掌握有关的原理和方法，而且也为他们将这些理论和方法运用到实践中奠定一定的基础。

5.素材具有教育价值。案例教学的目的是解决问题，因此，所选取的案例素材要对理解数学知识本质、理解数学教学实质、理解中小学生数学学习规律有启发意义和指导价值。

二、数学案例教学的理论基础

（一）范例教学理论

范例教学理论最早是瓦根舍因给出的成果。在他看来，知识教学不能面面俱到，应该敢于开展缺漏教学，在教材和生活当中选择具有代表性的要素，运用基础范例内容，对学生进行思维训练，用典型问题带动教学发展，让学生触类旁通，主动获得知识和进行知识意义构建。教学案例来自于教学当中典型性的教学范例，涵盖一个或多个数学问题，运用范例知识能够提高教育教学能力，锻炼问题解决能力。

范例教学理论包含三个准则，即基本性、基础性和范例性。其中，基本性是针对学科教学内容而言的，是指交给学生的知识应该是该学科的基本要素，如基本原理、规律等，学生通过这些基本要素的学习可以掌握该学科的知识结构。基本性原则要求教学内容去粗取精，不能繁冗庞杂。基础性是针对学生而言的，是指选取教学内容时，必须结合学生的身心发展规律、智力发展水平和已有的知识经验，并且要与学生的现实生活和未来发展密切相关。范例性是指教给学生的知识必须是经过精挑细选的基本性和基础性知识，这些知识具有示范性作用，通过这些知识的学习可以理解、掌握同类知识并学会迁移运用，从而解决实际问题。

教学案例正是符合范例教学的一种有效的学习材料，它的典型性、真实性、针对性，使它的优势更加突出。

范例教学理论能够让教师合理设置案例，提供了理论指导，也能够有效推动教师的专业成长。

（二）知识分类理论

1996 年，经济合作与发展组织（OECD）发布《以知识为基础的经济》把知识分为四种类型：

知事（Know—what）即关于事实的知识；

知因（Know—why）即关于科学原理以及自然规律的知识；

技能（Know—how）即做事的技巧和能力；

知人（Know—who）即人力知识，涉及谁知道什么和谁知道如何做某些事的信息，它包括了特定社会关系的形成，这就有可能接触到有关专家并有效地利用他们的知识。

以上四种分类是从知识使用的角度进行的，为了更深刻地理解知识的含义，并对其进行有效的管理，我们还可以在以上分类的基础上，根据知识的内在特性，把知识进一步划分为两大类别：显性知识和隐性知识。

显性知识（Explicit Knowledge）指通过语言、文字、符号及图表等编码加以明确表述，从而可以相互流通以及向外延伸扩散的知识，如科研论文、书本中的载体知识，以及教学中的设计意图的解释、操作说明书等。

以上四类中的知事和知因基本上就属于显性知识。

隐性知识（Tacit Knowledge）是相对主观的，指难以用语言、文字及网络等手段来实现传播的，存在于个人身上，依附在人的头脑中的经验、诀窍和灵感等知识，难以具体化的、与个别情境经验有关的知识。隐性知识是基于长期经验积累的知识，它不能简单地用几个词、几句话、几组数据或公式来表达，它的内容都有十分特殊的含义，如隐喻、直觉和诀窍（如教师的教学理念、一些应急教学事件的处置方案）。

以上四类知识中的技能和知人则基本对应隐性知识。

事实上，教师的数学专业性知识和其他领域的知识，在很大程度上是靠教学经验的积累而形成的，而这些教学经验又是在具体的教学案例形式中获得和养成的。数学教学案例中，包含很多基于实际教学情境的某些决策、疑难问题以及数学教学理念、技能和方法，从数学教学案例中获取数学教育教学知识，具有其他方法所不能替代的优势。通过对案例实施教学，能培养师范生和教师符合教育教学科学的思维模式，培养他们的实际问题解决能力，在面对相似教学情境时，教师有关教学的隐性知识就会被激活，自觉地运用到问题的解决过程中。这些基于隐性知识的智慧在教学案例中都有体现。

显性知识与隐性知识之间存在着各种可能的转化形式。日本的野中郁次郎提出了知识转换的 SECI 模型。具体包括：

（1）潜移默化；

（2）外部明示；

（3）汇总组合；

（4）内部升华。

这个知识转换模型表明了隐性知识与显性知识之间的四种转化模式。

（三）信息加工理论

信息加工理论认为，个体的知识分为陈述性知识和程序性知识两种。程序性知识以产生式系统作为特征。产生式系统是认知表征中的一种比较典型的程序表征系统，其基本原理是一个条件能产生一个活动，即每当某个"条件"出现时，就会产生某个"活动"。产生式系统由多个产生式组成，这些产生式系统经过练习后储存在人脑中，保存为解决问题的技能。陈述性知识最初以命题网络的形式组成，在多种练习下，再转化为以产生式的方式表征，最后形成产生式系统。

案例作为活生生的现实情境，对学习者提出的问题能够激发其探索的兴趣，同时，案例又是涉及各方面知识的一个综合体，需要学习者充分调动其原有的方方面面的知识，通过在基于案例的教学情境中的练习与应用，获得由产生式系统转化的解决问题的技能。

（四）情境认知理论

情境认知理论认为，有关学习和理解本身与人类的日常活动是分不开的。学习者在学习中所参与的活动也很重要。为了理解知识、获得知识，情境认知理论强调在信息、学习者和环境之间建立联系的重要性。如果学习者学习的是那些脱离有意义情境的事实知识，他们的理解往往不全面，也是没有意义的。当个人和环境建立联系以后，知识就是主要的学习结果了，在无背景的情境下获得的知识，经常是惰性的和不具备实践作用的。通过选取典型的教学案例，将学习者引入具体的教学情境中，分析、研究和讨论案例，使教师从情境中获得相关教学知识，领悟"怎么教"和"为什么要教"之间的关系，提升学习者的数学教学能力，促进教师专业发展。

第二节　大学数学课程应用案例教学的策略性分析

一、大学数学课程应用案例教学的可行性

案例在案例教学当中占据重要地位，来自于客观世界、选自实际生活当中的真实案例，可以增加学生的课堂参与度，同时，也可以显著增强案例教学质量。

大学数学总共包括三门公共基础课，课程当中涉及的理论知识以及数学方法，在实践当中的应用价值非常突出。第一，高数当中的函数性态研究方法以及研究成果能够在生产生活的最大化问题、图形面积问题的解决过程当中发挥积极作用。第二，因为我们所处的这个客观世界有着大量不确定性和随机问题，而且这样的问题具有普遍性，所以概率论和数理统计的知识与方法是能够让我们轻松解决这一问题的。比如，解决管理决策当中的问题、解决金融方案方面的问题。第三，伴随现代信息技术的发展，线性代数作为离散变量线性关系问题解决的重要工具，在经济管理及决策设计等方面开始大范围地推广运用。所以，这些数学应用的实例，让案例教学拥有了推进的可行性以及必然性。

二、实施案例教学中需注意的几个问题

（一）合理选择案例

要推进案例教学法的实施案例，在其中发挥不可替代作用的是确保数学教育创新的重要动力。案例选取的优劣与案例教育质量息息相关，假如案例选择与实际教学紧密相关，且符合学生的探究规律和学习需要，那么，案例教学就可以顺利开展，并且获得学生的主动参与。但是，如果案例脱离实际，不仅会影响案例教学的实施，还会降低学生的参与主动性，让数学案例教学丧失价值。大学数学课程案例选择的原则如下所述：

1.可行性原则

在选择案例时，保证案例具备可行性是根本，也就是说案例一定是真实的，同时，案例应该是能让学生用自己学到的知识理解与剖析的。最佳的案例应该来自于工作生活当中，不应该拥有过大的难度和复杂性，脱离实际或者过度强调高难度的案例会让学生失去探究兴趣，也会让案例失去应用价值。比如，在教学概

率论和数理统计时，教师选择的案例可以来自生活中的抽签问题。

案例 1　即将要举办一场篮球赛，有五个篮球球迷，历尽千辛万苦才得到一张进入赛场观看篮球比赛的票，因为大家都想要看，最后只能用抽签的方法确定谁才能拥有这张票，请问后面抽签的人会吃亏吗？

这个案例就来自于我们的实际生活，也比较简单，可先让学生凭借自身直观上的认识讨论结果，然后以教师为指导，让学生迅速掌握这个案例，问题是求得每人抽中球票的概率。在找到问题本质之后，则开展计算，并得出结论：每个人抽中概率相同，所以他们在抽签时不存在谁吃亏的问题，拥有同等可能性。

2.针对性原则

案例的选择要尽量和学生专业特征相符合，只有这样才能够让学生在案例学习的同时发现本专业知识可以与数学学习结合起来，让学生掌握学数学的原因，然后让学生在数学学习方面更具动力。比如，在教学线性代数的相似矩阵和矩阵对角化时，教师可以引入贴近学生专业的针对性案例。

案例 2　两个地区分别是甲地和乙地，假如每年有 30 % 的人从甲地迁到乙地，每年有 20 % 的人从乙地迁到甲地。甲地总共有 60 万人口，乙地总共有 40 万人口，甲、乙在总人口方面不发生变化。在五年之后，甲、乙两地分别有多少万的人口？如果经历了很长一段时间，是否仍然会有人口稳定的状态存在？

案例 3　假如在植物基因研究当中发现某植物的基因型为 AA、Aa 和 aa。常染色体遗传的规律是：后代是从每个亲体的基因对中继承一个基因，形成自己的基因对。如果考虑的遗传特征是由两个基因 A、a 控制的，那么就有三种基因对，记为 AA、Aa、aa。研究所计划采用 AA 型的植物与每一种基因型植物相结合的方案培育植物后代。另设双亲体结合形成后代的基因型概率见表 7-1，问经过若干年后，这种植物的任意一代的三种基因型分布如何？

表 7-1　基因型概率矩阵

后　代 基因对	父体 - 母体的基因对					
	AA- AA	AA- Aa	AA-aa	Aa- Aa	Aa-aa	aa-aa
AA	1	1/2	0	1/4	0	0
Aa	0	1/2	1	1/2	1/2	0
aa	0	0	0	1/4	1/2	1

上面给出的案例都是矩阵对角化方法和极限方法进行组合求解的案例。只不过选取案例的背景有所差异，第一个涉及的是人口方面的问题，第二个涉及的是生物类的问题。所以在案例教学实践当中，经管专业的学生可以案例二为研究对象，生科专业或者农林专业的学生可以探讨案例三，这样的分布更符合学生的专业特性。

3.趣味性原则

兴趣是学生学习的持久动力，假如教师选择的案例饶有趣味，那么，就会刺激学生，对这项案例内容，也对案例的探索产生兴趣，从而主动地探讨研究案例内容，满足自己的好奇心和求知欲。比如，在教学高数差分方程时，教师可以以趣味性原则为指导选择有趣的案例。

案例 4 假如某个人当前的体重是 100kg，他每周吸收热量是 2 万 kcal，那么体重就不会发生变化。假如他想通过控制饮食和运动的方式减到 75kg，请思考下面几项减肥计划：

（1）如果在不运动的情况下分两阶段进行塑身。第一阶段：每周减肥 1kg，每周吸收热量逐渐减少，直至达到下限（10000kcal）。第二阶段：每周吸收热量保持下限，直至达到减肥目标。则第一阶段每周应吸收多少热量？第一和第二阶段各需多少周？

（2）如果在第二阶段增加运动以加快塑身计划进程，试就表 7-2 给出的数据安排计划。

（3）给出达到目标后维持体重的方案。

表 7-2 每小时每千克体重消耗的热量（kcal）

跑　步	跳　舞	打乒乓球	骑自行车（中速）	游　泳
7.0	3.0	4.4	2.5	7.9

在上面的这个案例当中，可以利用对一阶非齐次差分方程进行求解的方式获得减肥计划。减肥问题在我们的实际生活中非常常见，也是很多学生特别感兴趣的内容，所以这样的案例自然可以带动学生兴趣的产生，让学生在解决问题时深入把握数学内涵，了解数学的应用范围是非常广泛的。

4.互动性原则

案例的选取和设计必须突出互动性，以便通过恰当的案例促进主体之间的沟通互动。例如，在教学可降阶的高阶微分方程时，教师可以先为学生提出一个思考题：如今中国主战坦克的型号是什么？这个问题提出之后，学生会纷纷踊跃回答。接下来教师再一次地给出问题：目前最新型号的反坦克导弹是什么名字？这个问题也会引起学生的互动，并让学生踊跃表达自己的答案。最后教师提出问题：如果用最新型号的反坦克导弹攻击坦克会出现什么样的结果？学生同样也会积极发言。在学生迫切渴望知道答案时，教师可引出动能导弹击穿坦克装甲厚度的教学案例，引起学生更加积极的互动，让学生发挥主体作用，也让师生之间的交流更加地密切。

5.可拓展性原则

如果选取的案例是可以拓展的，那就可以容纳大量的知识，变成促进学生思维进步的工具。例如，在教学微分时，教师可以用核弹头大小的问题导入，剖析为什么不能将核弹头制作得过大，同时也在回答问题的过程当中，完成微分知识的教学。在课程的最后，教师还可为学生提供二战时原子弹的有关信息材料，让学生可以完成拓展练习，感受到案例学习的乐趣。

（二）发挥好教师的主导作用

案例教学提倡发挥学生主体作用，坚持教师的主导，要求教师为学生的数学学习提供服务。在整个过程当中，教师不是教学的主要角色，但是教师的主导作用是不可或缺的，更是推动案例教学进步的保障。这就给教师的教学指导提出了很高的要求，需要教师做好以下工作。

第一，做好充足课前准备。首先，教师先透彻分析教授内容与教学大纲，在此基础之上选定案例。教师可从案例库中选择案例，也可以从不同渠道选取能调动学生兴趣爱好的案例，如从报纸当中选取新闻、从网络平台上获得网络资源等。其次，在选好案例之后，教师要全面研究案例，探究其中包含的理论方法和内容，预估案例教学当中可能出现的不同情景，事前制订应对方案，确保案例教学有序开展。

第二，做好课堂教学中的引导。在案例教学活动当中，教师扮演的是主持人的角色，除了指导学生大胆发言以及参与探讨以外，还要观察学生在学习过程当中的一系列反应，调控好教学节奏，活跃课堂氛围，为学生提供发挥主体作用的平台，让教学质量成倍增长。

第三，做好课后总结反思工作。案例教学的完成并不是结束，要求教师做好归纳反思。一方面，点评学生在案例学习中的一系列表现，如评价学生在案例学习当中回答问题的质量，评价学生在案例探讨当中的学习态度。大力表扬学生在解析案例当中的创新思维，同时，也委婉指出学生的失误和缺陷，落实激励机制，让教学评价的激励启发和促进作用得到发挥。另外，教师需要引导学生有意识地归纳案例学习中运用到的方法、涉及的学科知识，让学生可以以案例学习为契机，完善知识体系。另一方面，教师要结合案例教学实践，归纳案例选择、教学组织、教学方法等方面存在的缺陷和不足，找到自己在实际教学中的失误，以便不断地改进教学策略，更好地发挥案例教学法的应用价值。

（三）案例教学与多种教学方式相结合

正如前面所提到的，案例教学能够培养学习兴趣，促进教学相长，而且在这些方面表现出来的优势远超传统教学。不过，我们也要认识到一点，要让案例教学顺利实施，学生必须透彻掌握数学理论方法，有了这样的前提条件，才可以实现充分的参与和深度的案例探讨。教师需要在整个教学过程当中扮演好主导者的角色，恰当运用启发、讨论等教育模式对学生的思维施加积极影响。除此以外，案例教学在教授知识方面也存在一定的缺陷，会让教学活动趋于复杂，经常会影响到系统性的知识教授，另外，还会耗费过多的时间。所以单一案例教学是不能够获得理想效果的，应该把该方法和其他不同的教学方法灵活组合，以期收获最大的教学积极效应。

数学科学应强调理论和实践并重，在如今的全新时代背景下，数学与其他科学的交叉和融合力度在不断增加。时代进步给学生提出了非常严格的标准，不仅仅要求学生掌握数学理论与方法，还要掌握将理论方法应用实际的策略。案例教学法是让理论和实际结合的纽带，尽管在这一过程当中是有缺陷存在的，但是大量的教育实践仍然证明，案例教学法与数学教育的结合，在多个方面有着积极效用，是促进数学课程建设、保证素质教育目标、落实和推动数学教育改革的有效助力。

三、案例教学法在大学数学教学中的应用策略

（一）重构课堂设计方案

案例教学设计包括不同的环节，主要涉及了五个方面，只有把这几个环节进行恰当的设计，才可以确保数学案例教学的顺利实施，具体的环节设置流程如图7-1所示。

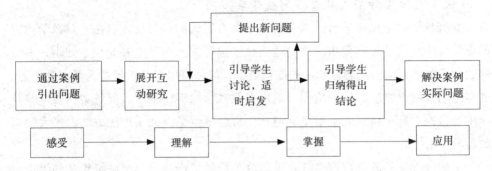

图 7-1　课堂设计流程

在导入案例时，可选用的方法有很多。假如选择的案例非常简单，就可直接导入；假如选取的案例具备一定难度，通常可借助网络工具，通过生动直观的教育方法，进行案例的简化。与此同时，可将事前准备好的过程设计方案全部发送给学生，使学生能够利用课下时间熟悉课程安排，这样在案例互动学习阶段，学生就会减少很多的阻力和障碍。互动方法同样是多元化的，可以小组互动探讨，可以师生互换角色，也可以组织竞赛活动。只不过需要控制好互动时间，以免耽误教学进度，影响到其他内容的学习。问题解决必须做到深入浅出，做好一定的层次化安排。在案例总结归纳的教学当中，教师需引导学生自主总结重难点，同时可给学生安排拓展练习，帮助学生更好地突破重难点。

（二）巧用双边互动教学

案例有效承载着数学知识，是促进知识传播的重要媒介，也是师生交流沟通的有效媒介。为保证案例的科学化应用，促进教育目标的实现，强化师生互动是必不可少的。只有利用双向互动活动，才能够让教师帮助学生解决问题，才能够让学生的反馈信息为教师的教学改革提供根据，最终建立双赢局面。

教师是教学的施教者，需要重视双边互动，同时也要对其进行合理化的应用。首先，要注意营造平等民主的学习环境，特别是要注意良好心理环境的创设；其次，在良好的教育环境支撑下，教师要给予学生充分的信赖与尊重，相信学生可以通过发挥自己的能力解决问题，做到大胆放手，挖掘学生的潜能；第三，面对学习能力差的学生，教师需着重对他们进行帮助，使他们能够在互动当中收获成功的学习体验，使其可以重塑信心；最后，师生在双边互动教学环节中始终处于平等地位，在平等的前提条件之下，才可以让双方消除各项束缚，在真正意义上进行思维和心灵的交流，推动问题真正解决。

（三）采取多种形式丰富案例教学法

案例教学法是如今教育改革背景之下大力提倡的创新性教育法，对教学内容的设计安排提出了极高要求。需要适当设置选修课，为学生补充数学知识，如渗透数学模型等方面的内容。在这些课程当中，教师可以只是教授最为基本的内容，更多地侧重数学方法的实践应用，奠定案例教学的理论基础。促进案例教学普及应用可借助专题研讨、知识讲座等形式，帮助学生掌握数学思想方法，扩大学生的数学应用技能。

案例教学法的教学应用给教育手段改革提供了推动力，突破了粉笔和黑板组合的传统模式，让越来越多的现代化教育技术手段成为教学的补充。比如，利用多媒体教学工具，能够扩大课堂教育内容的数量，增加数据的材料，可以让师生在网络平台的支撑下互动探讨，密切师生之间的关系。这些丰富多彩的实践活动，让数学教学充满生机。

为了让课堂教学质量得到巩固，丰富学生的学习收获，对学生进行建模实践训练是至关重要的。可以系统专业地对拥有参与建模竞赛兴趣而且基础较好的学生进行训练，让他们的实践和创新素养得到发展，进而在建模竞赛当中巩固提升。在日常的考核当中，可以将案例研究作为主要内容，促进考核方法改革，让素质化考试成为现实。这样的考核模式可以让学生更加关注案例，也可以让更多综合素质过硬的学生脱颖而出。

第三节　大学数学案例教学法的应用实践与实施成效

一、案例教学的应用实践

（一）案例教学在函数中的应用实践

高校数学课本当中包括很多与函数相关的知识，在这部分内容的教学方面用时是比较长的，所以应该对函数课时进行恰当安排，在此基础之上，合理引入精心设计的案例，让学生的学习热情被激发出来。函数类的数学知识抽象性强，同时也有着严密的逻辑性，因而提高了对学生多方面能力的要求。将案例当作建模的有效根据，能够让师生之间的合作互动关系更加紧密，促进师生之间的共同探究。比如，教师可以在教学完 Taylor 与函数求导法之后，引入数学案例，让学生在案例分析中认识到函数求导是能够在我们的生产生活当中广泛应用的，真正领悟函数的生活应用价值。再如，教师可在讲完微分之后，引入导弹跟踪的案例，让学生主动地进行方程建模，把微分知识和实际问题解决联系在一起。

（二）案例教学在线性代数中的应用实践

线性代数是高校数学教育当中拥有高难度的一部分内容，于是在教学难点的引导方面加入具体案例是非常必要的。针对经济专业的学生，教师可以选择来自经济领域的案例，如投入产出案例，让学生在案例探究当中复习向量和矩阵运算法，反复训练线性代数方程的求解，使学生利用线性方程得到投入产出案例分析的最佳结果。在具体的教学环节，投入产出案例研究应该和投入产出表整合起来分析，既让学生分析表格，又让学生制作有关表格，不仅有益于他们的案例研究，还有益于学生专业素质的进步。针对非经济专业的学生，高校在选择案例时，可以将学生感兴趣的案例内容作为选取原则。比如，在计算机类专业的教学当中，可以适当引入密码加密等案例，让学生对计算机密码解密等内容的好奇心得到满足；在建筑专业的教学当中，可以引入建筑结构设计的案例内容，让学生更好地了解自己的专业，更加灵活地运用数学。

（三）案例教学在数理统计与概率论中的应用实践

案例教学法是将案例作为核心，为学生传播知识信息的教学工具。在案例教学的实施过程中，教师可以指导学生关注大学数学课本中的实际问题，通过师生共同商讨的方式得到解决方法，推动学生学习创造性和学习兴趣的提高。在案例教学开展之前，教师可以先总结数理统计和概率论的特性，接下来选取针对性强的案例，尽可能选择生活当中常见的案例内容，从学生实际生活中选材是最好的。这样的案例能够让数学课程教学事半功倍，也符合学生的认知规律，方便学生循序渐进地建立知识体系。

在社会各行各业的建设当中，保险机构是较早应用概率论和数理统计的一个行业，它们在保险工作当中纳入这些数学知识，可以了解企业收支风险，预测企业发展态势。下面给出的是保险机构当中赔偿金的案例。

某保险公司经数据统计，处于 63 ~ 81 岁年龄层次的人于 3 年内死亡的概率为 0.003%，因而具有针对性为该年龄段的人群设置了人寿保险业务。在市场调研之后预测将有 4 000 人参与该项业务，保险公司要求购买保险者需交 10 元作为保险金，如果该名购险者于 3 年以内意外死亡，公司则支付与之相对应的赔偿金。为便于以下分析，我们暂且将这笔赔偿金视为 a 元，于是便可得出如下问题：其一，a 元的确定可直接促进该保险公司盈利 100 000 元的可能性大于 95%。其二，假设 a 为 4 000 元，那么该保险公司盈利大于 3 万元的可能性存在吗？为多少？其三，假设 a 为 5 000 元，该保险公司若要实现盈利 30 万元，参加保险的人需交多少保险金？要想解决以上问题，保险公司就一定要运用概率论的有关知识完成计算。由此观之，大学数学知识是社会行业进步的知识力量，发挥着直接或间接的作用，而这样的案例教学也会助推数学教育的发展。

二、案例教学法的实施成效

（一）改变了传统教学模式

传统数学教育关注的是要保证数学的严谨和逻辑不受破坏，于是运用演绎的方式为学生呈现已经组织好的数学系统，所以在呈现形式方面单调而乏味，难以激发学生学习的主动性。有了案例教学法，作为教学支撑，拓展了教育内容，优化了教育形式，让教师不在课堂上唱独角戏，而是与学生共同探讨。学生不再慌乱忙于记录笔记，而是和教师共同探究和思考问题。互动性的学习方法和实现集思广益，更能够形成强大的智慧合力，让课堂氛围更加地活跃，让学生的主体价值得以体现。

（二）缩小了理论与实践的差距

数学理论具有高度概括性与抽象性，于是经常会让人觉得数学理论是高高在上的，也自然而然与其产生很大的距离，从而让数学教育出现理论与实际脱节的问题。学生即使记忆再坚不可破，也会因不能够实际应用而感到失落。案例来自客观世界，就来自我们的生活，所以在接受度方面远远高于单调的理论。另外，案例是现实世界与学习世界的沟通纽带，可以让学生感知生活和数学是一体的，这将高度推动学生学习目标的达成，让学生可以有效适应学习情景，迎接数学学习当中的诸多挑战。

（三）提高了学生的综合素质

案例教学侧重学生创造性与问题解决力的发展，而不是单一地灌输规则原理。学生可借助案例内化知识，虽然不一定可以罗列一些知识，但是能够逐步掌握处理难题的方法。案例教学当中提倡独立探究，同时也倡导师生之间的双向互动，可以培育学生的合作精神，在潜移默化当中发展了学生说服与倾听的能力，也让学生掌握了一定的人际沟通与表达的技巧。

（四）促进教学相长

案例教学法的实施要求把学生放在中心，但这并不是说教师的责任和作用就下降了，相反，这样的教育模式给教师提出的要求会更高。在正式上课之前，教师先要设计和选择好案例，同时在选好案例后还要进行分析，这就要求教师拥有广博的知识面和极高的理论素质，进而推动教师在理论方面的自我发展。在课堂教学当中，教师是学生，也是师长。因为教师主导着教学，引领着教学的方向，所以把握教学进程，本身就是对教师的考验。利用师生共同研讨的方式，教师还可以发现自身知识不足之处，并从学生那里了解到大量感性材料，久而久之，就可实现教学相长。

第八章　数学方法论视角下大学数学教学方法创新——实践教学

第一节　大学数学实践教学概述

大学数学课程是本科生必须学习的基础课，更是对学生进行实践素质培养的核心课程，因为数学在培育学生实践能力方面拥有着得天独厚的优势。过去的数学知识教学，在教材中先是给出定义，然后罗列出性质，从公式到公式，完成各个层次的推导。整个过程当中，学生始终是机械性和模仿性地学习，根本不知道这些定义、定理的来源，更不懂推导获得的成果如何应用。在解决问题方面，认为大学数学学科是一门抽象单调的课程，对这门课程提不起兴趣，从而导致学生学习应用能力低，更不用说实践能力的发展了。所以，我们大力提倡在推动创新人才培育的进程中，应彻底转变过去的教育观念，将数学素质教育作为重点，让学生的数学意识、知识与能力循序渐进地提升。数学素质展现出的是学生的数学知识与能力，其中包括抽象思维、逻辑推理、空间想象、数学运算、数学建模、数学计算能力这几个方面。前面的四个能力是传统数学教育特别推崇的，忽视了后面两项能力，所以在教育改革的新背景下，我们要弥补传统教育的不足，把后面能力的培养作为重要内容。因此，在今后的数学教育中，需落实以问题驱动为核心的理念，从实际问题当中得到概念，在解决实际问题的过程中彰显数学功能，利用学生实践操作的方式获得实践体验，赢得实践能力。

一、数学实践教学的作用及意义

我国数学教育的一个突出特点就是基础好，但是很长一段时间以来，实践教学始终处于边缘和角落，没有人对其高度关注，所以自然没有让学生的实践能力得到有效的发展。学生在实际能力，尤其是解决实际问题方面非常欠缺。所以，数学教育在抓好理论教学的同时，更要给予实践教学发展空间。要加强学生实践能力的培养，不仅可利用数学解题或撰写论文的方法完成，还可利用数学实验与建模，其中还可以适当补充，用计算机软件完成实际计算的一部分内容，让学生切实领悟数学和实际生活之间存在的密切关系，让学生的实践意识和能力得到综合发展。

开设数学实践课程，能够让数学和生活之间的关系更加地紧密，增强学生的参与度，让学生的天性得到释放。让学生可以感受到生活当中处处有数学的身影，更加自觉地整合数学和实际，试着用数学角度观察周围的世界，处理身边的问题，比如，高铁晚点、排队打饭、电梯停留规律等。让学生善于借助数学方法解决问题，增强学生参与社会生活实践的主动性，如让学生运用数学抽样法分析城乡居民的金钱观、家庭观等，并给出相应的对策。

二、大学数学实践教学模式的特点

（一）直观性特点

在微积分教学环节，教师可以保留习题课课堂教学和常规性的作业这些内容，增加和实际息息相关的部分，把计算机实验引入微积分课堂，让学生利用数学软件进行数学运算，把握函数变化方面的规律特性，验证数学中的重要定理，画出图象，探索新规律，得到新认识。

除了用计算机开展数学实验以外，还要锻炼学生用计算机运算微积分的能力，让学生可以在以后的学习中或者工作当中主动运用计算机平台处理数学问题，给数学问题的解决提供思路。借助图形、实物、多媒体课件、数学软件等诸多工具，进行灵活组合，运用直观化的教育策略，夯实学生的理论根基，让学生实践能力的发展更加扎实。

（二）主体性特点

学生是实践操作和实践学习的主体。要想把学生从传统模式当中解放出来，让学生成为参与主体，成为主动学习的主体，就要从教材习题中跳出来，转为自主设计实际问题，善于借助新方法解决问题，可以刺激学生产生求知欲和好奇心，让学生除了重温知识、掌握基本应用外，还能自发地通过不同途径获得资料，开阔眼界，从而学习到大量教材当中没有提及的内容，学习跨学科的其他知识，以便在实验当中灵活应用，实现学科交融，让学生不再呆板学习。

（三）实践性特点

之所以会注重在大学数学课程教育当中专门设置数学实验的课程，主要目的是让学生学习数学建模，让学生在模型构建的过程当中体会知识的运用，锻炼实际操作策略。所以，数学实验给学生提出的要求是很高的，需要学生拥有模型构建能力，能够在构建模型之后借助多种多样的数学软件处理结果，妥善解决实际问题。数学模型求解和建模活动是一个反复开展数学实验的活动，在这其中，需要较多地应用到计算机，所以需要学生掌握数学软件，只有这样才可以提升学习效率，保证数学解题的有效性。在设置数学实践性强的课程时，要把实际问题作为根本出发点，也要以此为核心设计实践课，而不是过度和片面地追求课程完整、系统。要注重的是解决问题中的规律归纳，以便激发兴趣，让学生用更加积极的学习态度和精神面貌，全身心地投入其中，在数学实验当中，感受数学之奇妙。数学实践课程的开设，有助于学生自主思考与解题能力的展现，使学生的创造力和创新思维得到发展。

三、数学实践教学的具体课程与开设

目前，大学数学教学中的主要实践教学课程是数学实验和数学建模。

数学实验属于新兴课程，是大学数学课的补充内容，是不断完善数学教育系统，推动大学数学教育创新的有益尝试。数学实验课程主要是在教师的指导下，以学生亲自动手操作为主，注重指导学生借助计算机平台，利用数学软件，探索数学概念与定理，分析数学知识点的性质，加深对所学内容的掌握层次，用所学知识和操作技术，选用恰当的软件解决实际问题。数学实验课，让学生使用数学的思想观念得到了确立，也让学生可以在这一思想的引领之下，开展一系列的实践活动。另外，数学实验课程将数学教学与现代教育技术结合起来，充分利用了计算机、网络技术和数学软件，培养同学们进行数值计算和数据处理的能力。

数学建模是联系数学理论知识与实际应用的必要途径和关键环节。渗透数学建模思想方法，让学生了解其中的一些原理与技巧，对于学生学习数学来说，有着非常突出的作用。第一，能够让低年级学生在较早时期就可以涉猎数学建模的有关内容，受到基础性的建模思想培训，为学生参与建模竞赛活动打下坚实根基。第二，能够帮助学生更加扎实地掌握基础知识，让学生体会数学的应用价值，促使学生把握从实际问题中提炼数学内涵的方法，培育学生数学应用的理念，让学

生的综合素养获得发展，也让大学数学的整体水平快速提升。

所以，无论从大学数学课程的教学方面，还是学生本身素质能力的提高方面，数学实践教学课程都是非常重要和必要的。一方面，应该逐步将数学实验、数学建模思想方法在重要数学课程当中进行体现和循序渐进地渗透。推广渗透的原则是：集中精力针对课程核心概念与重点，精选要整合渗透的建模内容。这样的渗透融合方法最为明显的特征与优势，就是善于和实际联系。事实上，数学当中有很多概念方法就是抽象于实际问题的数学模型，对应着实际原型，有些可从生活中获得启发或有所观照。另一方面，把数学实验课和建模课作为常态化课程，使其成为选修课程当中的重要内容，突出应用能力和建模能力的培养，也凸显算法和计算机发挥的巨大价值，让学生的建模素养与计算机素质共同发展。

四、大学数学实践教学的实施方法

（一）改进教学内容，强化教学的应用性

对课程内容进行优化调整渗透着以问题作为驱动的教育观念，在数学的重要选修课程当中加入大量应用实例，能够帮助学生认知数学可以推广应用的领域。在数学实验与建模等选修课程当中，加入应用性特点鲜明的数学分支内容的介绍，加入数值计算的一些方法，让数学教育内容与问题驱动思想更加深入地结合，并在课堂当中显现出优势。

（二）循序渐进，实施分段数学实践教学

树立问题驱动的教育思想，把问题解决性的教育模式应用到数学课堂当中。注重为学生创设教学情景，激励学生探究运用所学内容解决实际问题的方法，让学生感受到数学应用的妙趣，让学生可以在数学学习当中拥有持续不断的动力之源。

在必修课中渗透实践内容，让传统教学与现代化教学融为一体，积极引入大量的数学实例，顺利地完成数学初步运用。比如，西安理工大学就是一个在数学教学中融入实践思想并且获得良好效果的典型范例，该校率先在线性代数课上融入了实践教育观念，得到了教学内容的新结构，即基础理论＋应用案例＋数值计算。同时，还获得了具体实施方法与教学策略，让基础课教育改革开始如火如荼地进行，并在创新实践当中获得了丰硕成果。与此同时，该学校借助创新实验区平台，注重促进第二层数学课学习活动，并专门设置教改班，让学生接触到大量实用性强的分支学科内容，学到了很多的应用技术与方法，从而完善了学生的应

用素质，给学生带来了全新的学习感受。

激励学生参与科技实践活动以及竞赛类的活动，让他们在实战演练中掌握数学知识综合应用法以及应用能力。探究得到分层次和分阶段的建模教育新模式，同时，还构建了完整且与学校人才培养实际相符合的建模选拔系统，让数学建模竞赛活动的价值得到了彰显，也让数学应用和学生实践能力培养的目标得到了真正实现。

五、大学数学实践教学的保障

（一）教师观念的改变，是大学数学实践教学顺利实施的基础

毋庸置疑，教师在学生的学习发展过程当中扮演着重要角色，教师作用的发挥，是确保实践教学推进实施的关键。改革教师传统教育理念，始终秉持和贯彻问题驱动的教育思想，借助具体的案例解释数学应用，这样的观念要在各个数学课当中融合和推广。教师队伍壮大，师资力量增强，让教师用数学工具与计算机工具进行综合问题解决的素质获得了提升，在经过长时间的推广和普及之后，开始有更多数学教师在实际行动上做出了改变，也就是将数学建模以及大量的科学思维与现代化技术运用到实践教学当中，给实践教学的顺利推进提供了强有力的保障。

（二）新的数学教学理念的认同与实施，是大学数学实践教学深入开展的保障

把数学教育改革的关注点放在探索实践教学法方面，是如今大学数学教育改革的一个普遍趋势。这样的探索活动和对教学实践的关注，得到了学生的认可与青睐。近些年来，很多高校也收获了很多教改项目方面的资助，包括陕西省教育厅重点教改项目"推进理工知识融合，培养创新性应用型人才"，学校级教学研究项目"开设数学实验课程，提高学生数学素质"和"数学建模培训体系探索"。这些教改项目的核心都是实践教学，所以这些项目得到了有力支持，在今后开展数学实践教学时，就会拥有强有力的保障，也会有越来越多的数学教师投入项目建设，竭尽所能地为实践教学发展贡献力量。

除此以外，要想让数学实践课程全面有序地开展，也离不开学校教务部门的密切支持与协调配合，特别是在教室资源、课时安排等方面给予了很多便利。现如今，数学实验室配备了非常齐全的计算机设备，也拥有了满足不同计算要求的数学软件，这些都给实践教学提供了硬件资源支持。

（三）学生的踊跃参加，是大学数学实践教学模式顺利进行的根本

经过多年的实践教学与探索，都得到了学生的积极响应，尤其是在数学应用扩展教学环节，工科类学生的参与度极高，他们用热情点燃了课程，同时，也在课程当中收获了更多的知识，还拥有了大量参与科技活动必备的能力。就此影响，使他们在数学建模竞赛以及其他不同形式的比赛活动当中，都发挥了自身在数学应用方面的优势，获得了令人满意的成绩，也让学生的未来就业拥有了良好的竞争力。

第二节　大学数学实践教学与双创教育的融合

一、双创教育的内涵

双创教育是以培育创业素质与开创型人才为教育目标，以培育学生创新创业能力为主要内容的教育形式，重点培育的是学生的创业技能，加大对学生创新思维和创业素质的发展，从而培育出更多的创新人才。在党的十九大报告中，又再一次地强调创新是发展的首要动力，我们要进一步推进大众创业与万众创新。

双创教育的特征包括：第一，教学内容创新性。创业教育包含古往今来、古今中外政治经济、文化科技等诸多领域的方法手段、模式、谋略等内容，创业课程与经济建设有着密不可分的关系，只要是市场当中急需的内容都需要在创业课程体系当中进行融入和整合，以便满足市场化人才的培养需求。第二，教学模式创新性。创业教育课程的地点并不固定，可以是日常教学中所处的教室，可以是学校的实训基地，也可以是企业当中，抑或是置身在真正的劳务市场上，双创教育把侧重点放在了受教育结果与过程方面，没有更多地拘泥形式。第三，师生关系创新性。在创业教育实践当中，师生关系的形式有很多种，师徒关系、业主与员工、债权人和债务人等关系都会出现。双创教育领域中的师生关系拥有民主平等和互动的明显特征。

创新与创业教育是相辅相成的关系。创新奠定了创业发展的根基，而创业教育是开拓提升学生创新素质的教育，有利于培养学生事业心，促进学生进取向上，让学生敢于挑战和冒险，克服懒惰，奋发向上，同时，也能够让学生在从事某项事业时，拥有良好的指导。创新教育的效果要借助学生未来创业实践的结果完成检验。创业是创新载体，创业效果依赖于创新教育是否扎实。创新教育关注人的综合全面成长，创业教育重视个人价值的彰显。二者有促进关系，也有制约关系，所以共同构成了辩证统一的整体。创新和创业教育在内容方面具有相似性，不过二者是不能够彼此替代的，这是因为只拥有创新精神是远远不足的，只能够为创业提供必要条件，或者是让创业成功拥有可能性，假如脱离了创业实践，那么创新精神则无源无本。创新精神只有在创业实践当中进行应用，才能够体现价值，可以被检验和不断地丰富，最终为创业成功提供推动力。

广义角度的创业内涵是具备创新与开拓特性的，可以提升经济或社会价值的实践活动。创业教育并非一定是要让学生真正地建公司、建企业，也不是让学生创富，创新创业实际上是一种人生态度、一种精神。当学生拥有了创新创业精神，能够显著提高社会适应能力，不管是在怎样的环境基础之上，都会创造出很多不同的可能，总会在某些方面闯出天地，展现个人魅力和价值，实现个性化的发展。

二、大学数学实践教学与双创教育融合的必要性

大学数学教育改革已经成为当务之急，是保证数学教学发展的根本助力，在改革深入的进程当中，要注意对双创理念进行整合，探究与现代教育相辅的实践教学方案。双创教育当中给出的创新创业要求，也应该在数学教育当中融入与体现，让数学基础教学体系更加健全。

（一）现代化教学理念的必然需求

传统数学教育在思想理念方面带有明显的滞后性，主要体现在：第一，过度地关注理论，忽略理论知识在实践中的应用，制约学生创新能力的发展。第二，数学教育模式不够多，没有体现学生主体价值，填鸭式与灌输式的倾向非常严重，没有让师生间进行紧密的互动交流，无法激发学习热情，更难以让学生扎实理论，在这样的情形之下，培养创新能力的要求自然无法达到。在教育改革的进程中，以往的理念是无法与当代教学要求相符的，所以数学实践教学正在探究创新性的方案，其中，双创教育就是一个重要的方向以及改革前进的突破口，需要将双创教育与实践教学完美整合，让现代教育观念得以融合，获得更大的发展。

（二）促进大学数学实践应用的重要性

高校数学教学的综合性特点鲜明，特别是在工科领域，有着广泛的应用前景，如今的应用普遍性也在不断提高。比如，在化学实验课程教育当中就会涉及大学数学实践的知识。做好双创教育，才可以真正让数学和创新创业融为一体，延伸

学生的思维与探索空间，让学生彻底打破固定化思维的束缚，让高等数学在实践应用道路上走得更加的长远。

三、大学数学实践教学与双创教育的融合

早从小学时候开始，数学就作为一门基础课程存在，而学生从小学一直到大学阶段，学习数学的时间长达十几年，但是对数学思想精神的认识仍然停留在肤浅的层面。主要表现在高校学生缺少对数学宏观层面和整体上的认识，并没有认识到数学理性思维的显著作用，也根本不够了解数学究竟给创业创新和解决生活问题带来怎样的作用，更不理解数学文化和创业文化之间的关系。

在创业实践当中融合数学，能够让学生掌握用定量分析法突破创业方面实际问题的策略，让学生可以凭借着自身完善的创业思维、创新性的思想与行为方式，推动实践工作的实施，促进学生创业素质与综合素养的进步，让学生可以用从数学学习当中获取的数学理性思维指导创业，进而有效减少和预防创业过程中遇到的诸多风险问题，促进创业收获成功。把创业中的各个任务作为主体部分，将数学中的重要知识贯穿在创业过程中，其目的在于为创业实践提供思想方法的指导，拓展学生的创业和改革发展空间，让学生可以拥有理性化以及科学化的创业观。

将数学实践教学和双创教育进行整合，重点要关注组合中的以下几项内容：第一，创业中的数学方法；第二，创业方案设计与实施进程中的排序；第三，创业质量的数学评定；第四，创业步骤中最优化问题的思路；第五，定量分析产品最优批量与市场占有率；第六，边际需求数学模型；第七，与生产有关的产品定价问题；第八，创业过程中灰色聚类评估数学模型。

总之，要改变过去纸上谈兵的过度注重理论教学的模式，逐步朝着实践方向改进，追赶时代发展的步伐，符合社会进步的潮流。在数学当中融入创新创业，又在双创教育当中融入数学，能够有效拓展教育内容，激发学习动力，增强教学水平，发展学生数学应用能力和创新创业技能。

第三节　大学数学实践教学体系的构建案例

中国"卓越工程师教育培养计划"2010 年的 6 月 23 日在天津大学启动。制订这样的卓越计划，其目的在于培育出更多拥有创新能力，能够有效适应社会进步与企业发展的工程技术人才。怎样建立大学数学课内外实践教育体系，充分发挥数学教育的推广普及价值，促进学生综合素养的培育，培养出拥有综合素养的工程技术人才，让大学生在数学知识能力与素养方面长足进步，是高校数学教育者需要认真探讨和深入分析的一项课题。

一、构建大学数学系列课程的课内外实践教学体系

卓越计划出现的关键词是实践，因此，又进一步提高了对实践教育的要求。毋庸置疑，实践是高校培育优秀人才的核心环节，而且知识来自实践，能力同样也来自实践，素质要在实践当中养成。很多年以来，北京石油化工学院的广大数学教师专门就怎样在教学当中彰显实践，开展了非常多的探究和研讨活动，而这样的活动也最终促进了与学校教育和学生发展相符的数学课内外实践教育体系，同时，也在卓越计划当中开展了大胆的尝试和推广。

根据学生的认知成长规律，结合学生的学习特点，将建模思想作为主要线索，把数学课内外实践教学划分成三个层次，分别是基础、应用与创新训练。课内实践包括基础、综合实践与科学研究训练三个部分的内容，构成了贯穿学习全程，独立于理论教育体系，拥有确切教育要求和科学考核的方法，与教学内容衔接紧密、层次合理的实践教育体系。课外实践教学包括第二课堂、科技活动与 URT。通过课内外实践的结合，可以让学生的创新素质得到卓有成效的提高。下面将重点就课内外实践教学的三层次进行说明。

第一层为基础训练，这部分内容由课内与课外基础训练、第二课堂构成。该层次的主要教育内容是演示和验证性的实验。先是进行数学基础理论的教学活动，起到扎实数学教育基础的作用；用演示实验和验证实验的方法，借助数学软件构建图形，增加学生用直观方法理解概念的路径，借助案例渗透建模思想，运用计算与结果研究的方式，帮助学生深入掌握数学理论，初步了解数学应用，实现抽象理论向直观问题的转化，让学生不再被理论学习困扰，重塑自信心和增强求知

欲，用更高的探索精神参与课程学习。接下来则是第二课堂，可以通过建立数学兴趣小组的方式，将数学软件学习运用、延展到除了课堂以外的其他空间，促使学生主动选修软件实践课程，挖掘数学应用的一个方面。

第二层次为应用训练。更多的是在运用知识方面的体现，包括课内综合实践与课外科研训练。这一层次教育训练的显著价值是发展学生的知识灵活应用能力，让学生可以得到基础层次的科研训练体验。课内综合实践训练包含的是我们所熟知的数学三大基础课及其对应的软件和应用课程内容。科研训练计划项目是高校面向全体学生提供的课外科研教育训练平台，拥有十多年的发展历史。近些年来，在学校校园网上为学生公布的有关项目高达一百多项，为学生提供了更多的选择，让学生可以根据自己的兴趣爱好，在评估个人能力水平的前提条件下，自选项目和自主参与。

第三层思维创新训练，注重培育学生创新素质，包括课内研究与课外科技活动两个部分。这一层次实验与课外科技活动进行高度融合，探究的实际内容可结合市场与社会需求自主设计。而实验项目来自企业或社会，又或者是教学科研等领域派生的内容，还可以是数学建模竞赛当中的题目。这些问题都让学生自主选择，并且由学生独立完成实践活动，可激励学生参与校内外建模竞赛活动，发展科研与创新素养。

二、改革大学数学教学内容和方法

在关注数学课内外实践教育体系建设的过程中，教师应该对数学课程教育内容与方法进行剖析与探究，找到最佳的教育组合方法。

（一）改革教学内容

1.将数学建模思想融于大学数学基础课程

和卓越计划相配套的数学三大基础课程，在教育大纲设置方面均加入了实验内容，教师加大了对这些内容的探索力度，同时结合部分内容，编写融入了建模思想的教案集合以及数学实验。在具体的教育实践当中，教师根据内容要求，彻底改变过去以理论为主的教育模式，而是提倡理论和实验结合，将数学和新概念内容进行实验化与数学化，借助计算机以及现代化的软件技术完成演练与运算，使学生能够将看似枯燥乏味的概念定理等内容与现实背景结合起来，找到源头和本来面目。

与此同时，合理选择数学实验，或者选取针对性强的教学案例，让学生运用自己的能力探寻解题思路及解决方法，让广大学生领悟数学概念本质，梳理数学知识的来龙去脉，树立数学应用思想，进而更好地解决实际问题，保证数学综合素养的全面提升，并且逐步具备终身学习的数学素养。

2.加强大学数学基础课程的实践环节

为满足实践教学的要求，锻炼学生综合实践能力，学校设置高等数学、线性代数、概率与数理统计三个基本课程对应的数学软件选修课程，分别是"Mathematica 及其应用""Matlab 及其应用"和"SAS 软件及其应用"。有了这些课程作为实践学习根据后，学生不仅掌握了学习方法，还获得了丰富的应用技能，学会理论和实验相结合的技能，掌握了学以致用和触类旁通的学习方法。在得到了大量数学实践锻炼之后，学生的能力变得更加地灵活和鲜活，获得的是有生命的知识，获得的是已经掌握了学习方法的、以方法为载体的知识。在具体教学环节，将侧重点放在培养学生建模思想，以及利用数学软件突破实际难题的能力上，推动学生创新意识的养成。

（二）改革教学方法

为提高大学生的数学核心素养，做好内容方面的革新是非常必要的，教学方法上的创新和尝试也是必不可少的。

1.采用双主体教学法，构建师生双向互动式的课堂教学

一个完整的教育活动，包含着教师与学生，二者是两个主体，师生只有在共同互动参与，彼此合作配合的情形之下，才能够实现共同的进步，才可以实现教学相长，收获理想的教育局面。

在双主体教学活动当中，假如学生愿意学习，教师愿意教学，那么，就一定会产生优质的教学质量，打造良好的教育课堂。但是，要怎么做才可以让大部分的学生愿意学习呢？在对大量的教学活动进行经验总结之后，笔者认为激发学习兴趣，培养参与主动性是最佳方法。所以，教师要在教学当中善于给学生提供贴近生活并且难度适中的实力，让原本复杂烦琐的内容变得简单易懂，将原本抽象复杂的知识变得具体又生动。这样全部学生都会投入学习活动，有效地活跃了教学氛围，同时，还让学生顺利把握了教师要教授的重难点。

这样的教育模式属于教与学双向互动，教师和学生的密切探讨可促使教师持续不断地学习充电，与时俱进地更新自身的知识体系，锻炼和完善授课技能。另外，还能够使学生主体参与，拉近师生之间的关系，消除师生之间在传统模式之下形成的隔阂，在教学的相互促进过程当中，达到双赢，建立优质课堂。

2.运用案例教学法，激发学生的学习兴趣

案例教学法是以案例为核心的教育新策略，具备一定的创新性，能够调动学生学习热情，还能够形成对学生思维的引导。通过对这一有力的工具进行应用，学生会主动参与到问题的研究和探讨当中，主动探寻解题基本法则和路径。另外，案例教学法是一种可实现理论整合实际的教育策略，因为给学生提供的案例绝大多数来自实际，所以可以不断扩充学生的见识面，让学生的综合研究和解题素质得到锻炼。有案例教学作为方法支持，学生在处理生活中具体数学问题时会更加灵活，也会更加愿意选用一些新方法和新思路，这对学生思维能力的锻炼是十分宝贵的经验。

3.引入讨论式教学法，师生共同学习

讨论式教学法是以合作研讨的形式开展的教育活动，能够实现群策群力，让集体和群体的作用得到展现，实现集思广益，构建良好的学习共同体。以往学生都是独立完成学习任务，也就是每一个学生都是孤立的，且不注重彼此的交流，而在引入讨论式教学法后，原本的独立学习会变成小组合作学习。这样的教育模式，能够让师生和生生之间的信息快速传递与沟通，也在这一过程中交流彼此的情感，拉近心灵之间的距离，最终实现共同进步。这样，学生收获了知识，发展了能力，延伸了眼界，提升了思维，掌握了思想方法，这些还会成为学生毕业之后的助力，让学生在今后的工作生活当中受益。

三、大学数学的教学收获

大学数学可锻炼学生工程能力与创新能力，推动学生综合全面成长。

（一）培养学生勤于探索、勇于创新的精神

通过总结大量的学习经验，我们可以清楚地发现如今数学已经渗透到每一个知识领域，也在各行各业当中广泛应用着。研究数学，在面对实际问题时，用数学方法解题，需要有灵敏的思维，需要有勇于探究和不断思考的动力。学习与研究数学的整个过程当中，能够让学生的实干能力得到锻炼，还能显著提升逻辑思维，让学生拥有超强判断力与推理的素质，让学生能够在今后的学习和未来的生活当中始终用科学态度与创新意识走上光明的发展之路。

（二）激发学生的创新意识和学习数学的热情

大学数学中获得的大量知识，具有延展性的特点，能够深入到我们的生活中，也能够让学生拥有一个灿烂辉煌的数学世界。多种多样的数学模型，让学生切身

体会数学在经济、生活、科技等诸多领域不可替代的作用，挖掘数学应用以及文化方面的价值，可调动学生积极情感，增强学生内驱力，让学生的创新素养得到发展，让学生真正成为一个愿意自主和主动学习的主体。

（三）增强学生的可持续发展能力

小组学习可以说是大学数学实践教学的一大特色，利用小组之间的互动探讨，不管是同学之间，还是师生之间都没有了过去的隔阂与距离，彼此之间还构建了民主平等的亲密朋友和伙伴关系，有效调动和发挥了非智力因素的价值，完善了学生的学习品质，让学生能够置身于愉悦的学习氛围之下，成为一个拥有综合素养的人，拥有完整的主体人格，拥有可持续发展的能力，从而可以有效地投入终身学习。

（四）提高学生的就业竞争力

大学数学课程不单让学生原本贫乏的数学知识库变得更加充盈，还让学生多方面能力得到了培养，促进了学生综合素养的提高，更为关键的是让学生拥有了吃苦耐劳、不畏艰辛、勇于沟通和注重团结协作的工作意识，这样的意识以及品质正是学生今后步入社会必不可少的。学生可在就业以及考研等选择的道路上，用这些从大学数学学习当中获取的品质，持续不断地前进，拥有良好的就业素质，在激烈的人才竞争当中获得优势和赢得胜利。

参 考 文 献

[1] 杨在荣. 数学方法论 [M]. 成都：西南交通大学出版社，2012.

[2] 徐利治. 徐利治谈数学方法论 [M]. 大连：大连理工大学出版社，2008.

[3] 谢祥，周北川，赵刊. 数学方法论在数学教育中的应用 [M]. 成都：西南交通大学出版社，2009.

[4] 孙智宏. 数学史和数学方法论 [M]. 苏州：苏州大学出版社，2016.

[5] 郑毓信. 数学方法论的理论与实践 [M]. 南宁：广西教育出版社，2009.

[6] 郑隆炘. 数学方法论与数学文化专题探析 [M]. 武汉：华中科技大学出版社，2013.

[7] 章士藻，段志贵. 数学方法论简明教程（第 3 版)[M]. 南京：南京大学出版社，2013.

[8] 胡国专. 数学方法论与大学数学教学研究 [M]. 苏州：苏州大学出版社，2016.

[9] 李祎. 数学教学方法论 [M]. 福州：福建教育出版社，2010.

[10] 吕莲俊，王剑. 徐利治与数学方法论 [J]. 数学教学通讯，2007(04): 1-3.

[11] 常健，马保国. 谈数学方法论在高等数学教学中的应用 [J]. 贵州大学学报（自然科学版)，2007(03): 237-239.

[12] 张玉峰，芮文娟，周圣武. 用数学方法论指导大学数学教学 [J]. 数学教育学报，2014, 23(05): 76-78.

[13] 徐沥泉. 数学方法论 (MM) 在我国大学数学教学中的应用 [J]. 大学数学，2014, 30(04): 51-64.

[14] 凤宝林. 大学数学课程教学中培养数学建模意识的方式解析 [J]. 高教探索，2017(S1): 46-47.

[15] 严培胜. 数学建模与大学数学教育 [J]. 湖北经济学院学报（人文社会科学版)，2010, 7(05): 198-199.

[16] 杨映霞. 浅谈大学数学课程中虚拟创新教学 [J]. 数学学习与研究, 2016(23): 37–38.

[17] 吕堂红, 高瑞梅, 周林华. 虚拟创新教学模式下大学生创新能力培养研究与实践——以大学数学教学为例 [J]. 课程教育研究, 2015(30): 103–104.

[18] 常秀玲. 构建翻转课堂来提升大学数学教学质量 [J]. 教育现代化, 2018, 5(18): 213–214.

[19] 王万禹. 大学数学课程"翻转课堂"教学模式初探 [J]. 科技视界, 2014(25): 120.

[20] 李延玲. 翻转课堂提高大学数学教学质量的实践探究 [J]. 时代教育, 2018(09): 138, 148.

[21] 田苗, 白雪洁, 李春兰. 大学数学案例教学法的研究与实践 [J]. 河北农业大学学报 (农林教育版), 2012, 14(02): 76–77, 84.

[22] 常春. 大学数学案例教学研究与应用分析 [N]. 山西青年报, 2014–10–12(8).

[23] 杨启帆, 谈之奕. 通过数学建模教学培养创新人才——浙江大学数学建模方法与实践教学取得明显人才培养效益 [J]. 中国高教研究, 2011(12): 84–85, 93.

[24] 纪艳凤. 关于大学数学实践性教学模式的构建与实践 [J]. 亚太教育, 2015(17): 31.

[25] 周永正. 大学数学实践教学环节教学研究与实践 [J]. 内江科技, 2013, 34(03): 78–79.

[26] 秦新强, 赵凤群, 赵康, 王敏. 大学数学实践教学改革的探索 [J]. 中国大学教学, 2012(11): 16–17.